编 审 人 员

主　编　郭　正

长沙环境保护职业技术学院

张宝军

徐州建筑职业技术学院

副主编　刘颖辉

长沙环境保护职业技术学院

主　审　王国祥

南京师范大学地理科学学院

参　编　郭有才

邢台职业技术学院

刘玉梅

三峡电力职业学院

丛书编委会

水污染控制技术
实验实训指导

主　编　郭　正　张宝军

副主编　刘颖辉

主　审　王国祥

中国环境出版集团·北京

图书在版编目（CIP）数据

水污染控制技术实验实训指导/郭正，张宝军主编．一北京：中国环境出版集团，2007.8（2022.2 重印）

（高职高专环境类系列教材）

ISBN 978-7-80209-539-7

Ⅰ．水…　Ⅱ．①郭…②张…　Ⅲ．水污染—污染控制—高等学校：技术学校—教材　Ⅳ．X52

中国版本图书馆 CIP 数据核字（2007）第 055543 号

出 版 人　武德凯
责任编辑　黄晓燕
责任校对　任　丽
封面设计　宋　瑞

更多信息，请关注
中国环境出版集团
第一分社

出版发行　中国环境出版集团
（100062　北京市东城区广渠门内大街 16 号）
网　　址：http://www.cesp.com.cn
电子邮箱：bjgl@cesp.com.cn
联系电话：010-67112765（编辑管理部）
010-67112735（第一分社）
发行热线：010-67125803，010-67113405（传真）

印　　刷　北京建宏印刷有限公司
经　　销　各地新华书店
版　　次　2007 年 8 月第 1 版
印　　次　2022 年 2 月第 4 次印刷
开　　本　787×960　1/16
印　　张　13　插页 2
字　　数　200 千字
定　　价　30.00 元

前言

随着我国国民经济的快速发展，工业、农业和城市的水环境污染问题成为重大的社会问题，水环境治理工程也越来越受到社会和企业的重视，从事环境工程治理、环境保护设备的管理和操作的技术人员也越来越多。随着环境工程学科体系的逐步完善，所需要的专业知识也在不断拓宽，我们需要掌握的工程技术实例和经验也在不断增加。为了保护环境、控制水污染，加强水环境工程的实验、实训和实践是非常必要的。

《水污染控制技术实验实训指导》作为高等专科学校、高等职业技术学院环境类教材《水污染控制技术》配套的实训教材，其目标主要就是通过对环境工程中实用的水处理工程技术进行归纳，使学生能够掌握水污染控制过程中常用的实验技术；能够结合理论学习和实验针对不同水污染状况进行水污染控制工艺的课程设计；能够进行常用水污染控制设备的运行操作、水质参数监测、水污染控制设备调试和管理；能够指导学生完成水污染控制技术的毕业设计。通过本书的学习、实训和实践，使学生基本掌握水污染控制技术实践的技术方法，能够成为适应环保市场需要的第一线水处理系统操作、运营和管理的应用型工程技术人才。

本书第一章、第三章、第四章的第四节至第七节及第七章由长沙环境保护职业技术学院郭正编写，第二章由邢台职业技术学院郭有才编写，第四章的第一节至第三节由三峡电力职业学院刘玉梅编写，第五章和第六章由徐州建筑工程职业技术学院张宝军编写，长沙环境保护职业技术学院刘颖辉全书统稿。

本书不仅可以作为高等专科学校、高等职业技术学院的环境类专业的教材，而且可以作为国家劳动和社会保障部废水处理中、高级工的职业技能培训教材。由于编者水平有限，书中难免出现缺点和错误，热诚欢迎读者批评指正。

编者

2007年8月

目录

第一章 水污染控制技术的基本知识体系简介

第一节 水污染控制的基本对策

在我国污水排放总量中，工业废水排放量约占60%。水体中绝大多数有毒有害物质来源于工业废水，工业废水大量排放是造成水环境状况日趋恶化、水体使用功能下降的重要原因。我国江河流域普遍遭到污染，且呈发展趋势。因此，工业水污染的防治是水污染防治的首要任务。国内外工业水污染防治的经验表明，工业水污染的防治必须采取综合性对策，从宏观性控制、技术性控制以及管理性控制三个方面着手，才能取得良好的整治效果。

一、宏观性控制对策

优化产业结构与工业结构，合理进行布局。在产业规划和工业发展中，贯穿可持续发展的指导思想，调整产业结构，完成结构的优化，使之与环境保护相协调。工业结构的优化与调整应按照“物耗少、能耗少、占地少、污染少、技术密集程度高及附加值高”的原则，限制发展那些能耗大、用水多、污染大的工业，以降低单位工业产品或产值的排水量及污染物排放负荷。

二、技术性控制对策

技术性控制对策主要包括：推行清洁生产、节水减污、实行污染物排放总量控制、加强工业废水处理等。

1. 积极推行清洁生产——减少污染物的生产量

清洁生产是通过生产工艺的改进和革新、原料的改变、操作管理的强化以及污染物的循环利用等措施，将污染物尽可能地消灭在生产过程之中，使污染物排放量减到最少。在工业企业内部加强技术改造、推行清洁生产，是防治工业水污染的最重要的对策与措施。

2. 提高工业用水重复利用率——减少污水排放量

减少工业用水不仅意味着可以减少排污量，而且可以减少工业新鲜用水量。因此，发展节水型工业不仅可以节约水资源，缓解水资源短缺和经济发展的矛盾，同时对于减少水污染和保护水环境具有十分重要的意义。

工业节约用水措施可分为三种类型：技术型、工艺型与管理型，如表 1-1 所示。这三种类型的工业节水措施可从不同层次上控制工业用水量，形成一个严密的节水体系，以达到节水同时减污的目的。

表 1-1　工业节水措施的类型

技术型工业节水	工艺型工业节水	管理型工业节水
间接冷却水的循环使用 生产工艺水的回收利用 水的串接使用 水的多种使用 采用各种节水装置	改变高耗水型工艺 少用水或不用水 汽化冷却工艺 空气冷却工艺 逆流清洗工艺 干法洗涤工艺	完善用水计量系统 制订和实行用水定额制度 实行节水奖励、浪费惩罚制度 制订合理水价 加强用水考核

工业用水的重复利用率是衡量工业节水程度高低的重要指标。提高工业用水的重复用水率及循环用水率是一项十分有效的节水措施。

3．实行污染物排放总量控制制度——促进企业从源头治理

长期以来，我国工业废水的排放一直实施浓度控制的方法。这种方法对减少工业污染物的排放起到了积极的作用，但也出现了某些工厂采用清水稀释污水以降低污染物浓度的不正当做法。污染物排放总量控制是既要控制工业废水中的污染物浓度，又要控制工业废水的排放量，从而使排放到环境中的污染物总量得到控制。实施污染物排放总量控制是我国环境管理制度的重大转变，将对防治工业水污染起到积极的促进作用。

4．实行工业废水与城市生活污水集中处理——减少进入水体的污染物

在建有城市污水集中处理设施的城市，应尽可能地将工业废水排入城市下水道，进入城市污水处理厂与生活污水合并处理。但工业废水的水质必须满足进入城市下水道的水质标准。对于不能满足标准的工业废水，应在工厂内部先进行适当的预处理，使水质满足标准后，方可排入下水道。实践表明，在城市污水处理厂集中处理工业废水与生活污水不仅能节省基建投资和运行管理费用，还能取得更好的处理效果。

三、管理性控制对策

实行环境影响评价制度和“三同时”制度。进一步完善污水排放标准和相关的水污染控制法规和条例，加大执法力度，严格限制污水的超标排放。规范各单位的污染物排放口，对各排放口和受纳水体进行在线监测，逐步建立并完善城市和工业排污监测网络和数据库，进行科学的监督和管理，杜绝“偷排”现象。

第二节　水的物理化学处理方法

根据我国水体污染特征，水体污染主要来自城市生活污水和工业废水。因此，水污染控制的工程措施关键在于解决城市生活污水和工业废水的污染问题。针对不同污染物质的特征，发展了各种不同的废水处理方法，这些处理方法可按其作用原理划分为四大类：物理处理法、化学处理法、物理化学处理法和生物处理法。

一、物理处理法

物理处理法主要包括对污水进行筛选、混合、絮凝、沉淀、浮选以及过滤等典型的物理单元操作，以分离、回收废水中不溶解的呈悬浮状态的污染物质（包括油膜和油珠）的废水处理法并去除各种较大的漂浮物和可沉淀固体，处理过程中不改变其化学性质。

根据物理作用的不同，物理处理法可分为重力分离法、离心分离法和筛滤截留法等。属于重力分离法的处理单元有：沉淀、上浮（气浮、浮选）等，相应使用的处理设备是沉砂池、沉淀池、隔油池、气浮池及其附属装置等。离心分离法本身就是一种处理单元，使用的处理装置有离心分离机和水旋分离器等。筛滤截留法包括截留和过滤两种处理单元，前者使用的处理设备是格栅、筛网，而后者使用砂滤池和微孔滤池等。

二、化学处理法

化学处理法是通过投加化学药剂或利用其他化学反应分离，去除废水中呈溶解、胶体状态的污染物质或将其转化为无害物质的废水处理法。常用的化学处理法有混凝沉淀、电解、气体传递、吸附、中和、氧化还原、离子交换、消毒等。

在化学处理法中，以投加药剂产生化学反应为基础的处理单元是：混凝、中和、氧化还原等；而以传质作用为基础的处理单元则有：萃取、气提、吹脱、吸附、离子交换以及电渗析和反渗透等。后两种处理单元又统称为膜处理技术。其中运用传质作用的处理单元具有化学作用，同时又有与之相关的物理作用，所以也可以从化学处理法中分离出来，成为另一种处理方法，称为物理化学法，即运用物理和化学的综合作用使污水得到净化的方法。

三、物理化学法

物理化学法是利用物理化学作用去除废水中的污染物质的方法。物理化学法主要有吸附法、离子交换法、膜分离法、萃取法、气提法和吹脱法等。

第三节　水的生物处理方法

生物处理法主要是利用微生物的生命活动来去除污水中可生物降解的胶体态和溶解态的有机物质，使有机污染物质转化为稳定、无害的物质的处理方法。该方法使有机物质基本上被转化为可逸散到空气中的各种气体及通过沉降可以去除的细胞组织。生物法分为好氧分解和厌氧分解生物处理两大类。其中好氧分解主要有活性污泥法和生物膜法，而厌氧分解则采用厌氧消化法。

第二章 水处理工程实验技术

第一节 沉降柱中颗粒静止自由沉淀实验

一、实验目的

（1）熟练掌握中端取样法的实验原理及实验步骤；

（2）加深理解沉淀的基本概念和污水中杂质的沉淀性能；

（3）进一步了解和掌握自由沉淀规律，根据试验结果绘制时间-沉淀率（t-E）、沉速-沉淀率（u-E）和 c_t/c_0-u 的关系曲线；

（4）为沉淀池的设计提供设计参数。

二、实验原理

沉淀是指从液体中借重力作用去除固体颗粒的一种过程。根据液体中固体物质的浓度和性质，可将沉淀过程分为自由沉淀、絮凝沉淀、成层沉淀和压缩沉淀四类。本实验研究探讨的是污水中非絮凝性固体颗粒自由沉淀的规律，采用中端取样法确定沉降性能曲线。实验在有机玻璃管中进行，如图 2-1 所示。

在一水深为 H 的沉淀柱内进行自由沉淀实验，取样位置设在有效水深为 H 的沉降柱中端 $H/2$ 处。

若原水中悬浮物浓度为 c_0，经 t 时间沉降后水样残留浓度 c_i，则沉降效率 E_i 为：

$$E_i = \frac{c_0 - c_i}{c_0} \times 100\% = \left(1 - \frac{c_i}{c_0}\right) \times 100\% \qquad (2-1)$$

沉降速度为 $u_i = H / t_i$ 。

按某一特定沉降速度 u_0 设计的沉淀池中，按式（2-1）计算所得的沉降效率只包括从水面到水深 H 处的水层中沉速 $u \geq u_0$ 的全部颗粒，而对 $u < u_0$ 的颗粒则没能计入。为清除计算误差，悬浮物总去除效率采用下式计算：

$$E_{总}=(1-P_0)+\int_0^{P_0}\frac{u}{u_0}\mathrm{d}P \tag{2-2}$$

式中，P_0表示沉速$u<u_0$的水中残留悬浮物浓度与全部原水悬浮物浓度比。

若采用图解法求解总去除率，则可在沉速$u<u_0$的颗粒物分率P随沉速u_0变化的沉降曲线（图 2-2）上进行图解积分。则有：

$$E_{总}=(1-P_0)+\frac{1}{u_0}\sum u\cdot\mathrm{d}P \tag{2-3}$$

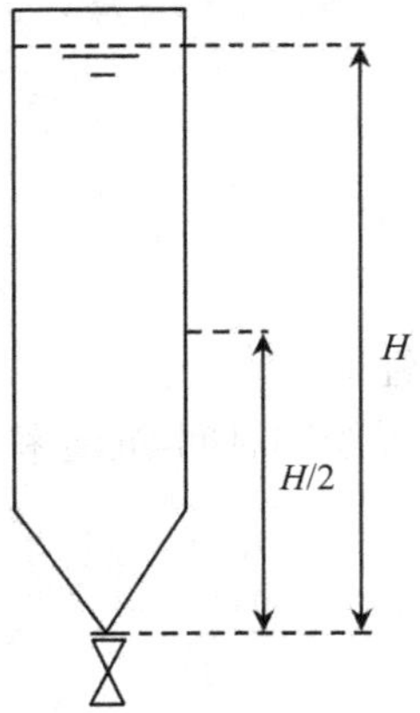

图 2-1　中端取样法实验原理

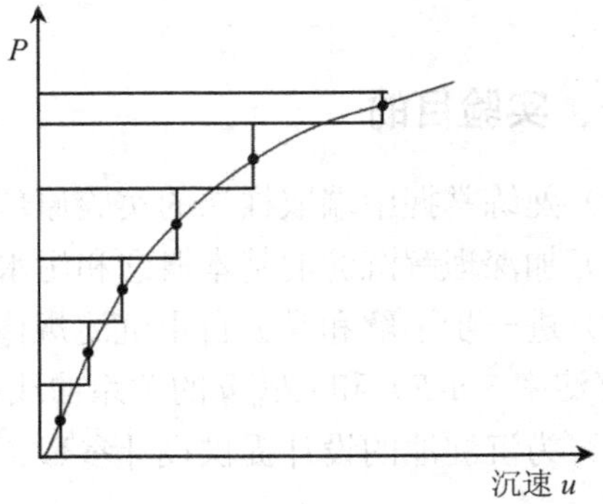

图 2-2　沉降性能曲线

注：图 2-2 中的纵坐标P表示水中残余悬浮物浓度与原水悬浮物浓度之比。

三、实验仪器及试剂

（1）有机玻璃管沉降柱、储水箱、水泵和搅拌装置（实验沉淀柱自溢流孔开始自上向下标刻度）。

（2）秒表，皮尺。

（3）测定悬浮物的设备：分析天平、称量瓶、烘箱、滤纸、漏斗、漏斗架、量筒、烧杯等。

（4）污水水样，采用高岭土配置。

四、实验步骤

（一）实验前准备工作

（1）将定量滤纸编号后，与表面皿一道（一张滤纸用一个表面皿）放入烘箱，在 103～105℃下，烘至恒重后称量其重量 W_1，计入表 2-1 中。

（2）检查沉淀柱、进水泵、原水箱的管线连接，无误后，以清水注入原水箱，并开动水泵将沉降柱、原水箱以及相应连接管道冲洗干净，排干积水后，关闭所有阀门。

（二）实验步骤

（1）将废水倒入溶液调配水箱，搅拌 5 min 使废水悬浮物分布均匀。取原水 100 mL 过滤、烘干，用重量法测出悬浮物浓度即 c_0。

（2）开启沉降柱进水阀门，用标尺计量水位到所需高度后，关闭进水阀门，同时按下秒表开始计时。

（3）经过 5 min、10 min、15 min、20 min、30 min、…、60 min 分别在中端取样，每取样一次，注意取样前记录沉降柱中水面高度 H_i，并记入表 2-1 中。每次取样时先排出取样管中积水，再取样 100 mL。

所得水样按先后顺序，分别用预先准备好的定量滤纸过滤，过滤后的滤纸连同相应表面皿一道送入烘箱中，在 103～105℃下烘干 1 h 后，然后放入干燥器内冷却并称量得 m_2，记入表 2-1 中。

此时，水中残余悬浮物浓度（mg/L）为：

$$c=\frac{(m_1-m_2)\times1\,000\times1\,000}{V} \tag{2-4}$$

式中：m_1—— 过滤前滤纸质量，g；

m_2—— 过滤后滤纸质量，g；

V—— 过滤水样毫升数，mL，一般为 100 mL。

（4）列表计算各沉降时间下沉降速度 u 和水中残留悬浮物浓度与原水悬浮物浓度之比值 P_0（c/c_0），记入表 2-2，并绘制沉降性能曲线及 u 与 P 的关系曲线。

（5）利用图解积分法计算不同沉降速度时的总去除效率 $E_{总}$ 与沉降时间 t 及总去除效率与沉降速度 u 的关系曲线。

五、注意事项

（1）进水前须将原水搅拌均匀；

（2）取样时，须先排出取样管中的积水，再取样；

（3）开启取样阀门时，不宜开启度过大，只要能在短时间里把沉泥排出即可；

（4）若原水样悬浮物浓度较低，可把取样间隔时间拉长。

六、实验结果整理

实验日期：_____年_____月_____日

原水悬浮物干重__________g，取样体积__________mL

表 2-1　自由沉淀实验记录

取样序号	取样时间/min	取样体积/mL	沉降柱高度 H_i/mm	过滤前滤纸质量 m_1/g	过滤后滤纸质量 m_2/g

表 2-2　自由沉淀实验记录

取样序号	平均沉降高度 $\overline{H}$/mm	沉降速度（$u=\frac{\overline{H}}{t}$）/（mm/min）	水中残余悬浮物浓度 c/（mg/mL）	水中残留悬浮物浓度与原水悬浮物浓度比 $P=c/c_0$	沉降效率 E_i/%	沉降总效率 $E_{总}$/%

七、实验结果讨论

（1）讨论绘制自由沉淀曲线的方法及意义。

（2）进行实验误差分析。

（3）根据实验结果确定 u_0=2.8 m/min 时，悬浮物的总去除效率。

（4）自由沉淀中颗粒沉速与絮凝沉淀中颗粒沉速有什么区别？

第二节　加压溶气气浮实验

一、实验目的

（1）通过实验掌握气浮的原理，加深对气浮原理的理解。

（2）了解悬浮物浓度、操作压力、气固比、澄清分离效率之间的关系。

（3）通过实验模型的运行，掌握加压溶气气浮实验方法和加压溶气气浮装置的工艺流程。

二、实验原理

气浮是固液分离或液液分离的一种技术。它是指人为采取某种方式产生大量的微小气泡，使气泡与水中一些杂质物质微粒相吸附形成相对密度比水轻的气浮体，气浮体在水浮力的作用下，上浮到水面而形成浮渣，进而达到杂质与水分离的目的。

气浮常被用来分离相对密度小于或接近于 1 且难以用重力自然沉降法去除的悬浮颗粒，其处理废水的实质是：气泡和粒子间进行物理吸附，并形成絮粒上浮分离。

加压溶气气浮是先将空气加压，使其溶于水，形成空气过饱和溶液，然后减至常压使溶气析出，并以微细气泡形式释放出来，从而使水杂质颗粒被黏附而上浮。

本实验采用在溶气罐中进行加压溶气，而溶气则在气浮池中常压析出。

三、实验装置、仪器及试剂

（一）实验装置

本实验由气浮池、溶气罐、空压机、加压泵、搅拌器、转子流量计、止回阀、水箱等组成，见图 2-3。

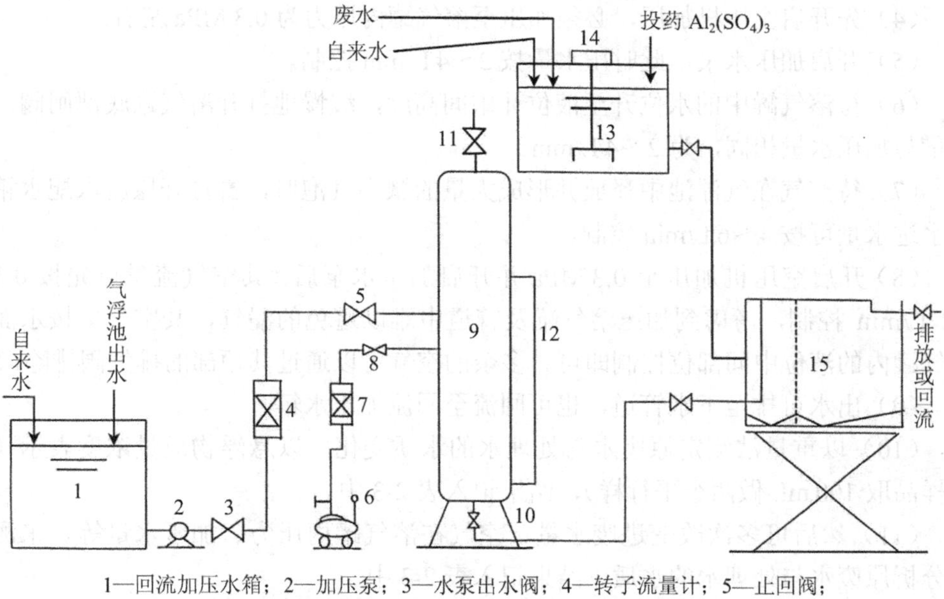

1—回流加压水箱；2—加压泵；3—水泵出水阀；4—转子流量计；5—止回阀；6—空压机；7—空气流量计；8—止回阀；9—溶气罐；10—放水阀；11—放气阀；12—水位计；13—废水配水箱；14—搅拌器；15—气浮池

图 2-3　加压溶气气浮实验装置

（二）实验仪器及试剂

（1）硫酸铝	适量
（2）废水（演示实验可用清水代替）	
（3）烘箱	1台
（4）分析天平	1台
（5）100 mL 量筒	10个
（6）200 mL 三角烧杯	10个
（7）200 mL 称量瓶	10个
（8）抽滤装置	1套
（9）秒表	1套
（10）温度计	1块

四、实验步骤

（1）首先检查气浮实验装置是否完好。

（2）把自来水加到回流加压水箱与气浮池中至有效水深的90%高度。

（3）将含乳化油或其他悬浮物的废水加到废水配水箱中，并投入 $Al_2(SO_4)_3$ 等混凝剂后搅拌混合，投加 $Al_2(SO_4)_3$ 的质量浓度为50～60 mg/L。

（4）先开启空压机加压，必须加压至溶气罐内压力为0.3 MPa左右。

（5）开启加压水泵，此时压水量按2～4 L/min控制。

（6）待溶气罐中的水位升至液位计中间高度，缓慢地打开溶气罐底部闸阀，其流量与加压水量相同，为2～4 L/min。

（7）待空气在气浮池中释放并形成大量的微小气泡时，再打开原废水配水箱，废水进水量可按4～6 L/min控制。

（8）开启空压机加压至0.3 MPa并开启加压水泵后，其空气流量可先按0.1～0.2 L/min 控制，考虑到加压溶气罐及管道中难以避免的漏气，其空气量按水面在溶气罐内的液位中间部位控制即可。多余的空气可以通过其顶部的排气阀排除。

（9）出水可排至下水管道，也可回流至回流加压水箱。

（10）以重量法测定原废水与处理水的水质变化，以悬浮物质量浓度表示（每个样品取100 mL做两个平行样），结果记入表2-3中。

（11）然后可多次改变进废水量、空气在溶气罐内压力、加压水量等，来测定和分析原废水与处理水的水质，结果记入表2-3中。

五、注意事项

（1）为了不弄脏气浮池与原水配水箱，也可做演示实验，采用清水或浓度不大的废水进行实验。

（2）用废水做实验时，处理后出水最好不要回流至加压水箱，以免在处理装置运行不正常时，弄脏水箱与溶气罐。

六、实验结果整理与分析

实验日期：______年____月____日

原水样悬浮物干重____g，取样体积____mL，原水样悬浮物质量浓度____mg/L

表 2-3　加压溶气气浮实验记录

废水量	溶气罐压力	加压水量	取样体积/mL	取样悬浮物干重/g	取样悬浮物质量浓度/（mg/L）

根据实验结果分析原水样水质与处理后水的水质。

七、实验结果讨论

（1）观察实验装置运行是否正常，气浮池内的气泡是否很微小；若不正常，是什么原因？如何解决？

（2）根据实验结果说明工作压力对气浮效率的影响。

第三节　过滤实验

一、实验目的

（1）了解滤料的级配方法；

（2）掌握清洁砂层过滤时水头损失计算方法和水头损失变化规律；

（3）掌握反冲洗滤层时水头损失计算方法。

二、实验原理

过滤是具有孔隙的物料层截留水中杂质从而使水得到澄清的工艺过程。过滤不仅可去除水中细小悬浮颗粒杂质，而且细菌、病毒及有机物也随浊度降低而被去除。

过滤包括两个过程：即悬浮物颗粒脱离水流流线与滤料表面接触的迁移过程及

悬浮颗粒在滤料表面被附着的过程

为了取得良好的过滤效果，滤料应具有一定级配，常采用一套不同筛孔的筛子进行筛选，并选定 d_{10} 值和 d_{80} 值，从而决定滤料级配。（d_{10} 即有效粒径，是指筛分滤料时，能使滤料总量的 10%通过筛目粒径；d_{80} 即滤料的不均匀分数，指能使 80%滤料通过的筛目粒径与有效粒径的比）

为了保证滤后水质和过滤滤速，当过滤一段时间后，需要对滤层进行反冲洗。反冲洗开始时，承托层、滤料层未完全膨胀，相当于滤池处于反向过滤状态，当反冲洗速度增大后，滤层完全膨胀，处于流化状态，根据滤料膨胀前后的厚度可求出膨胀率，即：

$$e=\frac{L-L_0}{L_0}\times 100\% \tag{2-5}$$

式中：L—— 砂层膨胀后厚度，cm；

L_0—— 砂层膨胀前厚度，cm。

三、实验装置、设备及仪器仪表

（一）实验装置

本实验采用如图 2-4 所示的实验装置。过滤和反冲洗水来自高位水箱。高位水箱的容积（图中未注出）为 2 m×1.5 m×1.5 m，高出地面 10 m。

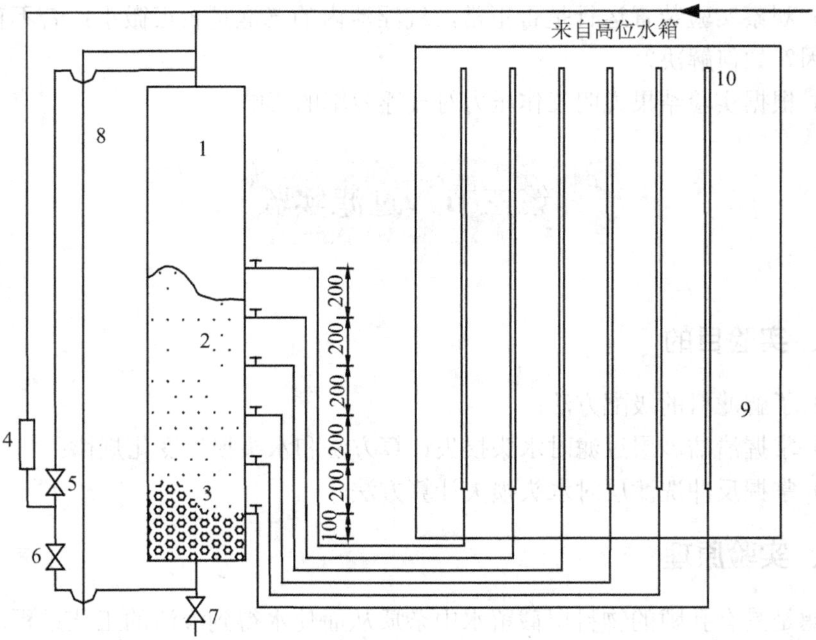

1—过滤柱；2—滤料层；3—承托层；4—转子流量计；5—过滤进水阀门；6—反冲洗进水阀门；7—过滤出水阀门；8—反冲洗出水管；9—测压板；10—测压管

图 2-4　过滤试验装置

（二）实验设备及仪器仪表

（1）过滤柱　有机玻璃 d=100 mm，L=2000 mm　　1 根
（2）转子流量计　LZB—25 型　　1 个
（3）测压板　长×宽=3 500 m×500 m　　1 块
（4）测压管　玻璃管 Φ10 mm×1 000 mm　　6 根
（5）筛子　孔径 0.2～2 mm，中间不少于 4 挡　　1 组
（6）量筒　1 000 mL，100 mL　　各 1 个
（7）恒温箱、容量瓶、比重瓶、干燥器、钢尺、温度计等。

四、实验步骤

（一）滤料筛分和孔隙度测定步骤

（1）称取滤料砂 500 g 洗净后于 105℃恒温箱中烘干 1 h，放在干燥器内，待冷却后称取 300 g。

（2）用孔径为 0.2～2 mm 的一组筛子过筛，称出留在各筛号上的砂重。

（3）分别称取孔径为 0.5 mm、0.8 mm、1.2 mm 筛号上的砂子各 20 g，置于 105℃恒温箱中烘干 1 h，放在干燥器内冷却。

（4）称取上述滤料各 10 g，用 100 mL 量筒测出滤料堆体积 V。

（5）用带有刻度的容量瓶测出各滤料体积 V_e，将结果记入表 2-4 中。

（二）清洁砂层过滤水头损失实验步骤

（1）开启阀门 6，冲洗滤层 1 min。

（2）关闭阀门 6，开启阀门 5、7，快滤 5 min，砂面保持稳定。

（3）调节阀门 5、7，使出水流量 8～10 mL/s（相当于 d=100 mm 过滤柱中滤速约 4 m/h），待测压管中水位稳定后，记下滤柱最高、最低两根测压管中水位值。

（4）增大过滤水量，使过滤流量分别为 13 mL/s、17 mL/s、21 mL/s、26 mL/s，最后一次流量控制在 60～70 mL/s，分别测出滤柱最高、最低两根测压管中的水位值，记入表 2-5 中。

（5）量出滤层厚度 L。

（三）滤层反冲洗实验步骤

（1）量出滤层厚度 L_0，慢慢开启反冲洗进水阀门 6，使滤料刚刚膨胀起来，待滤层表面稳定后，记录反冲洗流量和滤层膨胀后的厚度 L。

（2）开大反冲洗阀门 6，变化反冲洗流量。按步骤（1）测出反冲洗流量和滤

层膨胀后的厚度 L。

（3）改变反冲洗流量 6～8 次，直至最后一次砂层膨胀率达 100%为止。测出反冲洗流量和膨胀后的厚度 L，记入表 2-6。

五、注意事项

（1）用筛子筛分滤料时不要用力拍打筛子，只在过筛结束时轻轻拍打一次，筛孔中的滤料即会脱离筛孔。

（2）反冲洗滤柱中的滤料时，不要使进水阀门开启过大，应缓慢打开以防滤料冲出柱外。

（3）在过滤实验前，滤层中应保持一定水位，不要把水放空以免过滤实验时测压管中积存空气。

（4）反冲洗时，为了准确地量出砂层厚度，一定要在砂面稳定后再测量，并在每一个反冲洗流量下连续测量三次。

六、实验结果整理

实验日期：_____年_____月_____日

（一）滤料筛分和孔隙度测定实验结果整理

表 2-4　滤料筛分记录

筛孔/mm	留在筛上的砂量		通过该筛号的砂量		10 g 滤料堆体积 V/mL	10 g 滤料体积 V_c/mL
	重量/g	%	重量/g	%		

（二）清洁砂层过滤水头损失实验结果整理

过滤柱 d=100 mm，L=200 m，横截面积 W=_______cm²。

（1）将过滤时所测流量、测压管水头填入表 2-5 中。

（2）根据表 2-5 中第 5、9 列数据绘出水头损失 H 与流速 v 关系曲线。

表 2-5　清洁砂层水头损失实验记录

序号	测定次数	流量 Q/(mL/s)	流速 v		实测水头损失			水头损失理论值 H
			Q/W/（cm/s）	$36\frac{Q}{W}$/（m/h）	测压管水头/cm			
					h_b	h_a	$h=h_b-h_a$	
1	2	3	4	5	6	7	8	9
	1							
	2							
	3							
	平均							
…	…							

注：h_b—最高测压管水位值；h_a—最低测压管水位值。

（三）滤层反冲洗实验结果整理

反冲洗前滤层厚度 L_0=________cm。

（1）按照反冲洗流量变化情况、膨胀后砂层厚度填入表 2-6。

（2）按式（2-5）求出滤层膨胀度 e 记入表 2-6 中。

表 2-6　滤层反冲洗实验记录

序号	测定次数	反冲洗流量/（mL/s）	反冲洗强度/（cm/s）	膨胀后砂层厚度 L/cm	砂层膨胀度 $e=\frac{L-L_0}{L_0}\times100\%$
1	2	3	4	5	6
	1				
	2				
	3				
	平均				
	…				

七、实验结果讨论

（1）本实验存在什么问题？如何改进？

（2）水头损失与滤速有何关系？

（3）反冲洗强度是如何影响滤池冲洗效率的？

第四节 混凝沉淀实验

一、实验目的

（1）掌握混凝沉淀的实验方法。

（2）通过实验加深对混凝沉淀概念、特点的理解。

（3）能够利用实验数据绘制絮凝沉淀曲线，并学会通过曲线求某一时间某一深度的颗粒总去除率。

二、实验原理

水中的胶体颗粒均带负电，胶粒间的静电斥力、胶粒的布朗运动和胶粒表面的水化作用三种因素使胶粒不能相互聚结而长期保持稳定的分散状态，三者中的静电斥力影响最大。向水中投加混凝剂，能提供大量的正电荷，压缩胶团的扩散层，使电位降低，静电斥力减少。此时，布朗运动由稳定因素转变为不稳定因素，也有利于胶料的吸附凝聚。同时，由于双电层状态的存在而产生的水化膜，也会因投加混凝剂降低电位，而使水化作用减弱。混凝剂水解形成的高分子物质或直接加入水中的高分子物质一般具有链状结构，在胶粒与胶粒之间起着吸附架桥作用，即使电位没有降低或降低不多，胶粒不能相互接触，通过高分子链状物吸附胶粒，也能形成絮凝体。

消除或降低胶体颗粒稳定因素的过程叫作脱稳。脱稳后的颗粒，在一定的水力条件下才能形成较大的絮凝体，欲称矾花。直径较大且较密实的矾花容易下沉。自投混凝剂直至形成矾花的过程叫混凝。

混凝过程中，不仅受水温、投加剂的量和水中胶体颗粒浓度的影响，还受水的 pH 的影响。如 pH 过低（小于 4），则所投混凝剂的水解受到限制，其主要产物中没有足够的羟基（OH）进行桥联作用，也就不容易生成高分子物质，絮凝作用较差。如果 pH 高（大于 9），它又会出现溶解，生成带电荷的络合离子，不能很好地发挥混凝作用。

另外，混凝过程中的水力条件对絮凝体的形成影响极大，整个混凝过程分为两个阶段：混合和反应。混合阶段要求使药迅速而均匀地扩散到全部水中，以创造良好的水解和聚合条件，因此，混合要求快速而剧烈的搅拌，在几秒钟内完成；而反应阶段则要求混凝剂的微粒通过絮凝形成大的、具有良好的沉降性能的絮凝体，因此，搅拌强度或水流速度应随絮凝体的增大而逐渐降低，以免大的絮凝体被打碎。本实验水流速度及搅拌速度已确定，可不考虑水力条件的影响。

三、实验装置、设备及仪器仪表

（一）实验装置

混凝实验装置主要是实验搅拌机，如图 2-5 所示，搅拌机上装有电机的调整设备，电源采用稳压电源。

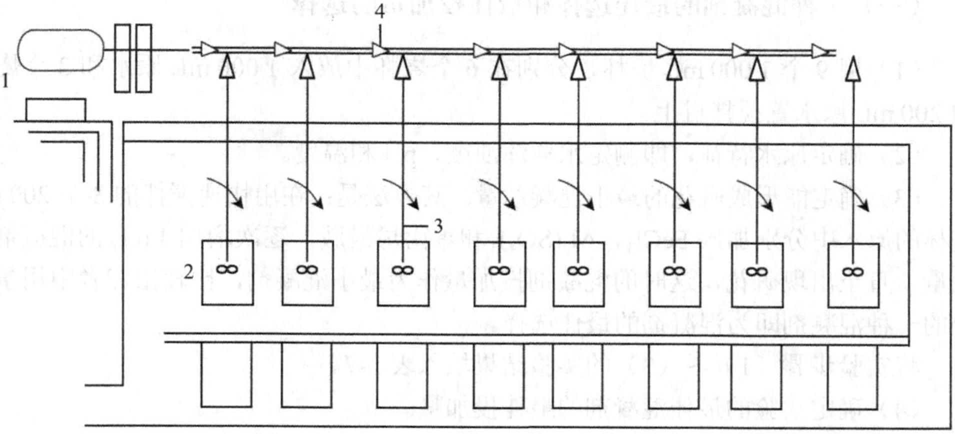

1—电机；2—烧杯；3—搅拌桨；4—传动齿轮

图 2-5　实验搅拌

（二）实验设备及仪器仪表

（1）混凝实验装置　　1 台
（2）光电浑浊度仪　　1 台
（3）酸度计　　1 台
（4）烧杯　（1 000 mL）　　17 个
（5）烧杯　（200 mL）　　18 个
（6）烧杯　（100 mL）　　8 个
（7）移液管（1 mL、2 mL、5 mL、10 mL）　　各 4 支
（8）50 mL 注射针筒　　2 支
（9）温度计　　2 支

四、实验试剂

（1）硫酸铝　$Al_2(SO_4)_3 \cdot 18H_2O$　　10 g/L

（2）三氯化铁　$FeCl_3 \cdot 6H_2O$　　10 g/L

（3）HCl（化学纯）　　10%

（4）NaOH　　10%

（5）聚丙烯酰胺　　0.5%

五、实验步骤

（一）三种混凝剂的最佳选择和最佳投加量的选择

（1）用 9 个 1 000 mL 烧杯，分别在 6 个烧杯中放入 1 000 mL 原水和 3 个烧杯加 200 mL 原水置搅拌机上。

（2）确定原水特征，即测定水样浑浊度、pH 和温度。

（3）确定能形成矾花的最小混凝剂量。其方法是：在用快速搅拌的 3 个 200 mL 烧杯的原水中分别加入 $FeCl_3$、$Al_2(SO_4)_3$ 和聚丙烯酰胺，逐次增加 1 mL 的混凝剂投加量，直至出现矾花，这时的混凝剂投加量作为最小混凝剂，比较出三者中用量最少的一种混凝剂即为混凝剂的最佳选择。

将实验步骤（1）～（3）的实验结果填入表 2-7。

（4）确定实验的最佳混凝剂的最佳投加量。

根据步骤（3）确定的最佳选择混凝剂的最少混凝剂投加量，取其 1/4 倍、1/2 倍、3/4 倍、5/4 倍、3/2 倍、7/4 倍、2 倍的剂量分别加入 8 个 100 mL 原水的烧杯中。

（5）启动搅拌机，快速搅拌（约 300 r/min）半分钟，中速搅拌（约 100 r/min）10 min，慢速搅拌（约 50 r/min）10 min。若用污水进行混凝搅拌，速度可适当放慢。

（6）关闭搅拌机，静止沉淀 10 min，用 50 mL 注射针筒抽出烧杯中的上清液（共抽三次，约 100 mL）放入 200 mL 烧杯内，立即用浑浊仪测定水的浊度。每杯水样抽测三次。

将实验步骤（4）～（6）的实验结果记入表 2-8 中，由此可得出混凝剂投加量的最佳选择。

（二）最佳 pH 确定方法

（1）用 8 只 1 000 mL 的烧杯，分别放入 1 000 mL 原水，置搅拌机上。

（2）确定原水特征。测定原水浑浊度、pH 和温度。本实验所用原水与最佳投药量实验时相同。

（3）调整原水的 pH。用移液管依次在 1#、2#、3#、4#装有 1 000 mL 原水的烧杯中分别加入 2.5 mL、1.5 mL、1.2 mL、0.7 mL 浓度为 10%的 HCl，在 5#、6#、7#装

有 1 000 mL 原水烧杯中分别加入 0.2 mL、0.7 mL、1.2 mL、1.5 mL 浓度为 10%的 NaOH。

（4）启动搅拌机，快速搅拌 0.5 min，转速约 300 r/min，随后停机，从每只烧杯中取 50 mL 水样放入三角烧杯中，依次测 pH。

（5）用移液管依次向烧杯中加入相同剂量的混凝剂，投加剂量按上述混凝剂最佳选择和最佳投加量选择实验中得出的最佳投加量来确定。

（6）启动搅拌机，快速搅拌半分钟，转速约 300 r/min，中速搅拌 10 min，转速约 100 r/min，慢速搅拌 10 min 后停机，转速约 50 r/min。

（7）关闭搅拌机静置 10 min 后，用 50 mL 注射针管抽出烧杯中的上清液（共抽三次约 100 mL）放入 200 mL 烧杯中，立即用浑浊仪测定浊度（每杯水样测三次）。

将上述实验步骤（1）～（7）的实验结果记入表 2-9 中，由此可确定最佳 pH。

六、注意事项

（1）在最佳投药量、最佳 pH 实验中，向各烧杯加药剂时尽量同时投加，避免因时间间隔较长各水样加药后反应时间长短相差太大而导致混凝效果悬殊。

（2）在最佳 pH 实验中，用来测定 pH 的水样，仍倒入原烧杯中。

（3）在测定沉淀水的浊度、用注射针筒抽吸清液时，不要搅动底部沉淀物，并尽量减少各烧杯的抽吸时间。

七、实验结果整理和分析

（一）最佳混凝剂和最佳投药量实验结果整理

实验日期：______年___月___日

表 2-7 三种混凝剂的最佳选择

原水特征	$Al_2(SO_4)_3$			$FeCl_3$			聚丙烯酰胺		
	水样编号	混凝剂加注量/mL	相当剂量/mg	水样编号	混凝剂加注量/mL	相当剂量/mg	水样编号	混凝剂加注量/mL	相当剂量/mg
浊度：	1			1			1		
____（度）	2			2			2		
温度：	3			3			3		
____（℃）	4			4			4		
pH：	5			5			5		
_____	6			6			6		

表 2-8　混凝剂投加量的最佳选择

水样编号		1	2	3	4	6	7	8	9
混凝剂加注量/mL									
相当剂量/mL									
剩余浊度	1								
	2								
	3								
	平均								

以沉淀水浊度为纵坐标，混凝剂加注量为横坐标，绘出浊度与药剂投加量的关系曲线，并从图上求出最佳混凝剂投加量。

（二）最佳 pH 实验整理

表 2-9　最佳 pH 实验记录

原水特征	水样编号		1	2	3	4	5	6	7	8
浊度： _____（度） 温度： _____（℃） pH： _____	投加 10% HCl/mL									
	投加 10% NaOH/mL									
	pH									
	混凝剂加注量/mL									
	相当剂量/mg									
	剩余浊度	1								
		2								
		3								
		平均								

以沉淀水浊度为纵坐标，水样 pH 为横坐标绘出浊度与 pH 的关系曲线，从图上求出所投加混凝剂的混凝最佳 pH 及其适用范围。

八、实验结果讨论

（1）根据最佳投药量实验曲线，分析沉淀水浊度与混凝剂加注量的关系。

（2）本实验与水处理实际情况有哪些差别？如何改进？

（3）简述混凝沉淀的概念及特点。

（4）实际工程中颗粒在哪些构筑物中属于絮凝沉淀？

（5）简述絮凝沉淀曲线的含义及其用途。

第五节　酸性废水过滤中和实验

一、实验目的

过滤中和法适用于处理酸浓度较低（3%～4%）的酸性废水。废水在滤池中进行中和作用的时间、滤率（滤速）与废水中酸的种类、浓度有关。通过实验可以确定滤率、滤料消耗量等参数，为工艺设计和运行管理提供依据。

通过实验希望达到以下目的：

（1）了解滤率与酸性废水浓度、出水 pH 之间的关系。

（2）掌握酸性废水过滤处理的原理和工艺。

二、实验原理

酸性废水可以分为三类：

（1）含有强酸（如 HCl、HNO_3），其钙盐易溶于水；

（2）含有强酸（如 H_2SO_4），其钙盐难溶于水；

（3）含有弱酸（如 CO_2、CH_3COOH）。

目前采用的滤料有石灰石、大理石和白云石，常用的是石灰石。中和第一种酸性废水，各种滤料均可，反应后生成的盐类溶解于水而不沉淀，如石灰石与 HCl 的反应为：

$$2HCl+CaCO_3 \longrightarrow CaCl_2+H_2O+CO_2$$

中和第二种酸性废水时，因生成的钙盐难溶于水，会附着于滤料表面，减慢中和反应速度，因此，进水 pH、浓度（如 H_2SO_4 浓度）应限制。若条件允许，最好采用白云石做滤料，其反应生成易溶于水的 $MgSO_4$，反应式为：

$$2H_2SO_4+CaCO_3+MgCO_3 \longrightarrow CaSO_4\downarrow+2H_2O+2CO_2\uparrow+MgSO_4$$

弱酸与碳酸盐中和反应速度很慢，采用过滤中和法时，滤率应小些。

当酸性废水浓度较大或滤率较大时，过滤中和后出水含有大量 CO_2，使出水 pH 偏低（pH=5 左右），此时，可用吹脱法去除 CO_2 以提高 pH。

三、实验装置与仪器

（一）实验装置

实验装置如图 2-6。

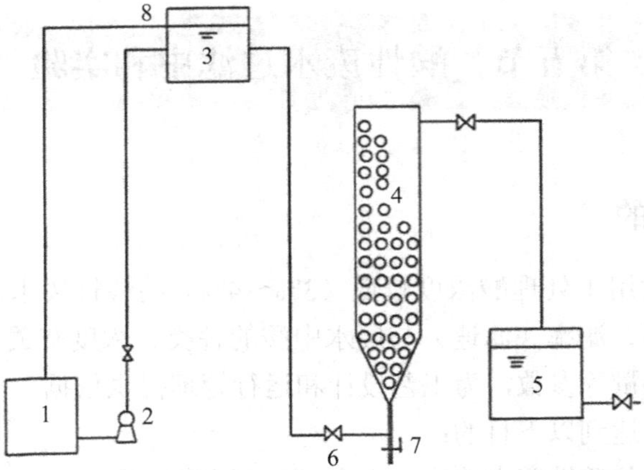

1—吸水池；2—塑料磁力泵；3—恒压高位水箱；

4—过滤中和柱；5—出水池；6—调速旋塞；7—放空阀；8—溢流管

图 2-6　酸性废水过滤中和实验装置

（二）实验仪器

（1）pH 计　　1台

（2）量筒　1 000 mL　　1个

（3）秒表　　1块

（4）测定酸度、CO_2的仪器　　各1套

（5）空压机　　1台

四、实验步骤

（一）过滤中和

（1）将颗粒直径为 0.5～3 mm 的石灰石装入中和柱，装料高度为 0.8 m 左右。

（2）用工业硫酸或盐酸配制成一定浓度的酸性废水（各组配制的浓度不同，范围在 0.1%～0.4%），并取约 20 mL 水样测定 pH 和酸度，结果记入表 2-10 中。

（3）启动水泵，将酸性废水提升高位水箱。

（4）用旋塞 6 调节流量，同时在出流管口处用体积法测定流量，每组完成 4 个滤率的实验，建议滤率采用 10 m/h、20 m/h、30 m/h、40 m/h，观察中和过程中出现的现象。

（5）稳定几分钟后，取样测定每种滤率出水的 pH 和酸度，结果记入表 2-10 中，注意取样时应用瓶子取满水样，不留空隙，以免 CO_2 释出，影响测定结果。

（二）吹脱实验

（1）取 pH=5 的出水 1 L，并取 250 mL 水样测定其 pH、酸度和游离 CO_2。
（2）用压缩空气鼓风曝气 2～5 min。
（3）取吹脱 CO_2 后的水样测定 pH、酸度和游离 CO_2，结果记入表 2-11 中。

五、实验结果整理

实验日期：_____年____月____日
过滤中和柱：直径 d=10 cm，面积 A=78.5 cm^2
滤料高度 h=_____m，滤料体积 V=_____cm^3
酸性废水浓度 c=_____mmol/L，pH=_____

表 2-10 过滤中和实验记录

流量测定	时间 t/min				
	体积 V/L				
	流量 Q/（L/min）				
	滤率 Q/A/（m/h）				
pH					
酸度 c_i（mmol/L）					
中和效率 [（c_0-c_i）/c_0]/%					
膨胀高度					

表 2-11 吹脱实验记录

项目名称	酸度/（mmol/L）	pH	CO_2/（mg/L）
中和后出水			
吹脱后出水			
吹脱效率/%			

六、实验结果讨论

（1）根据实验结果说明过滤中和法的处理效果与哪些因素有关。
（2）拟定一个确定处理单位体积和某浓度酸性废水所需要滤料数量的实验方案。

第六节 活性炭吸附实验

一、实验目的

（1）加深理解吸附的基本原理；

（2）掌握活性炭吸附公式中常数的确定方法。

二、实验原理

活性炭处理工艺是运用吸附的方法来去除异味、某些离子以及难以进行生物降解的有机污染物。在吸附过程中，活性炭比表面积起着主要作用。同时，被吸附物质在溶剂中的溶解度也直接影响吸附的速度。此外，pH 的高低、温度的变化和被吸附物质的分散程度也对吸附速度有一定影响。

活性炭对水中所含杂质的吸附既有物理吸附，也有化学吸附。

活性炭对水中所含杂质进行吸附时，水中溶解性杂质在活性炭表面积聚而被吸附，同时已被吸附的物质由于分子的运动而离开活性炭表面，重新进入水中，即同时发生解吸现象。当吸附和解吸达到动态平衡时，则称为吸附平衡。如果在一定压力和温度条件下，用 m（g）活性炭吸附溶液中的溶质，被吸附的溶质为 x（mg），则单位质量的活性炭吸附溶质的质量为：

$$q_e/(\text{mg/g}) = \frac{x}{m} \tag{2-6}$$

q_e的大小与活性炭种类、被吸附物质的性质及浓度、水温及 pH 有关。

在污水处理中常用弗罗德里希公式来描述吸附容量 q_e与吸附平衡时溶液浓度 c 的关系，其表达式为：

$$q_e = Kc^{\frac{1}{n}} \tag{2-7}$$

式中：q_e——吸附容量，mg/g；

K——与吸附比表面积、温度有关的系数；

n——与温度有关的常数，$n>1$；

c——吸附平衡时的溶液浓度，mg/L。

通常用图解法求经验常数 K、n 值，将式（2-7）变换呈线性关系，即

$$\lg q_e = \lg\frac{c_0 - c}{m} = \lg K + \frac{1}{n}\lg c \tag{2-8}$$

式中：c_0——水中被吸附物质的原始浓度，mg/L；

c——被吸附物质的平衡浓度，mg/L；

m——活性炭投加量，g/L。

三、实验装置、仪器及药剂

（一）实验装置

本实验采用间歇性吸附操作，即用三角烧杯装入活性炭和水样进行振荡的方法。

（二）实验仪器及药剂

（1）振荡器 （THZ-82 型）	1 台
（2）pH 计 （pHS 型）	1 台
（3）活性炭	2 kg
（4）COD 测试仪	1 套
（5）温度计（刻度 0～100℃）	1 支
（6）三角烧杯	5 个

四、实验步骤

（1）取活性炭 200 mg 放在蒸馏水中浸 24 h，然后放在 103℃烘箱内烘干 24 h，再将烘干的活性炭研碎成 0.1 mm 以下的粉状。

（2）配制水样 1 L，使其 COD_{Mn} 为 20～50 mg/L。

（3）取 100 mL 水样，测定原水的 COD_{Mn}。

（4）在 5 个三角烧杯中分别放入 100 mg、200 mg、300 mg、400 mg、500 mg 粉状活性炭，加入 150 mL 水样，放入振荡器振荡 30 min。

（5）过滤各三角烧杯中水样，并测定 COD_{Mn} 的值。

（6）测出原水样 pH 及温度，记入表 2-12。

五、注意事项

实验所得 q_e 若为负值，则说明活性炭明显地吸附了溶剂，此时应调换活性炭或水样。

六、实验结果整理

（1）记录实验操作基本参数。

实验日期：____年___月___日

水样 COD_{Mn}=______mg/L　　pH=______　　温度=______℃

振荡时间______min　水样体积______mL

（2）各三角烧杯中水样过滤后 COD_{Mn} 的测定结果，建议按表 2-12 填写。

表 2-12　间歇式吸附实验记录

杯号	水样体积/mL	原水样 COD_{Mn} 浓度 c_0/（mg/L）	吸附平衡后 COD_{Mn} 浓度 c/（mg/L）	$\lg c$	活性炭投加量/mg	$\frac{c_0-c}{m}$/（mg/g）	$\lg\frac{c_0-c}{m}$

（3）以 $\lg\frac{c_0-c}{m}$ 为纵坐标，$\lg c$ 为横坐标绘出弗罗德里希吸附等温线。

（4）从吸附等温线上求出 K、n 值，代入式（2-7），求出弗罗德里希吸附等温式。

七、实验结果讨论

（1）吸附等温线有什么现实意义？

（2）间歇式吸附与连续式吸附相比，吸附容量是否一样？为什么？

（3）通过本实验，你对活性炭吸附有什么结论性意见？该实验如何进一步改进？

第七节　生活污水可生化性实验

一、实验目的

（1）了解生活污水可生化性的含义。

（2）掌握测定生活污水可生化性的实验方法。

二、实验原理

由于生物处理方法较为经济，在研究有机污水的处理方案时，一般首先考虑采用生物处理的可能性。而生活污水因含有大量有机物，多采用生物处理的方法。污水的可生化性即是指可被生物化学处理的性能。

微生物降解有机污染物的物质代谢与过程所消耗的氧包括两部分：① 氧化分解有机污染物，使其分解为 CO_2、H_2O、NH_3（存在含氮有机物时），为合成新细胞提供能量；② 供微生物进行内源呼吸，使细胞质氧化分解。

合成：$8CH_2O$（酪蛋白）$+3O_2+NH_3 \longrightarrow C_5H_7NO_2+3CO_2+6H_2O$

内源呼吸：

$$C_5H_7NO_2+5O_2 \longrightarrow NH_3+2H_2O+5CO_2$$

由上式可看出，内源呼吸过程氧化 1 g 微生物的需氧量为：$5O_2/C_5H_7NO_2=160/113=1.42$。

微生物进行物质代谢过程的需氧速率可以用下式表示：

总需氧速率=合成细胞的需氧速率+内源呼吸的需氧速率，即：

$$\left(\frac{dO}{dt}\right)_T=\left(\frac{dO}{dt}\right)_F=\left(\frac{dO}{dt}\right)_e \tag{2-9}$$

式中：$\left(\frac{dO}{dt}\right)_T$——总需氧速率，mg/(L・min)；

$\left(\frac{dO}{dt}\right)_F$——合成细胞的需氧速率，mg/(L・min)；

$\left(\frac{dO}{dt}\right)_e$——微生物内源呼吸的需氧速率，mg/(L・min)。

三、实验装置、设备及仪器仪表

（一）实验装置

可生化性实验装置的主要组成部分是生化反应器和曝气设备，如图 2-7 所示。本实验采用叶轮曝气（也可用压缩空气曝气），但要防止压缩空气机的油随空气带入反应器，压缩空气输送管应先接一个装有水的油水分离器，然后再接入反应器，为防止电压变化引起叶轮转速不稳定，电动机应接在稳压电源上。

（二）实验设备及仪器仪表

（1）生化反应器　硬塑料制　6个

高度 H=0.42 m　直径 D=0.3 m

（2）泵型叶轮　铜制　1个

直径 d=12 mm

（3）电动机　硬塑料制　1台

220V　2.5A

（4）直流稳压电源　　YJ44 型　　1 台

0～30 V　0～2 A

（5）溶解氧测定仪　　1 台

（6）电磁搅拌器　　1 台

（7）广口瓶　　250 mL（根据溶解氧探头大小确定瓶子尺寸）　　1 个

（8）小口瓶　　2 500 mL　　1 个

（9）秒表　　1 块

（10）间甲酚　　适量

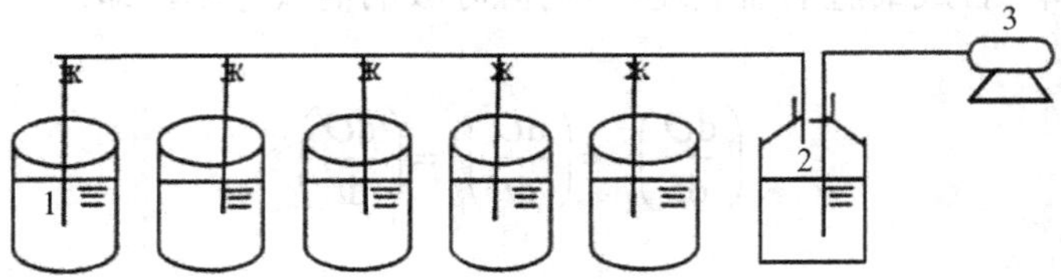

（a）用压缩空气曝气的实验装置

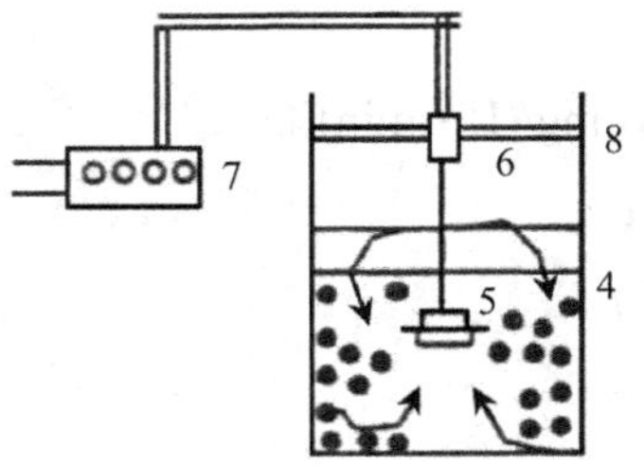

（b）用叶轮曝气的实验装置

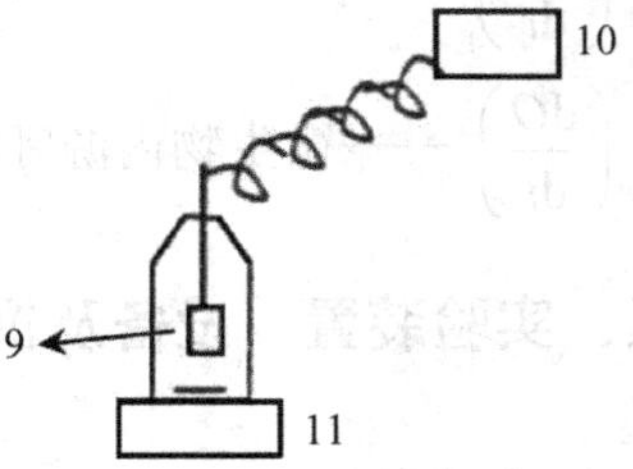

（c）测定呼吸速率的实验装置

1—生化反应器；2—油水分离器；3—空气压缩机；

4—生化反应器；5—曝气叶轮；6—电动机；7—稳压电源；

8—电动机支架；9—溶解氧探头；10—溶解氧测定仪；11—电磁搅拌器

图 2-7　生活污水可生化性实验装置

四、实验步骤

（1）从城市污水处理厂曝气池出口取回活性污泥混合液搅拌均匀后，在 6 个反应器内分别加入 6 L，再加自来水至 20 L，使每只反应器内的污泥浓度为 1～2 g/L。

（2）开动曝气叶轮，曝气 1～2 h，使微生物处于饥饿状态。

（3）除欲测内源呼吸速率的 1 号反应器以外，其他 5 个反应器都停止曝气。

（4）静置沉淀，待反应器内污泥沉淀后，用虹吸去除上层清液。

（5）在 2～6 号反应器内均加入从污水处理厂初次沉淀池出口处取回的城市污水至 20 L 处。

（6）继续曝气，并按式（2-8）计算和投加间甲酚。

表 2-13　各生化反应器内间甲酚浓度

生化反应器序号	1	2	3	4	5	6
间甲酚/（mg/L）	0	0	100	300	600	1 000

（7）混合均匀后立即取样测定呼吸速率（d*O*/d*t*），以后每隔 30 min 测定一次呼吸速率，3 h 后改为每隔 1 h 测定一次，5～6 h 后结束实验。

呼吸速率测定方法：

用 250 mL 的广口瓶取反应器内混合液 1 瓶，迅速用装有溶解氧探头的橡皮塞子塞紧瓶口（不能有气泡或漏气），将瓶子放在电磁搅拌机上（图 2-7），启动搅拌器，定期测定溶解氧值浓度 c（0.5～1 min），并做记录，然后以 c 与 t 作图，所得直线的斜率即微生物的呼吸速率。

五、注意事项

（1）本实验所列实验设备是一组学生所需设备。每组学生（2 人）仅完成一种浓度试验，即表 2-13 所列内容应由 6 组学生完成。

（2）加入各生化反应器的活性污泥混合液量应相等，这样才能使各反应器内活性污泥的呼吸速率相同（MLSS 相同），使各反应器的实验结果具有可比性。

（3）取样测定呼吸速率时，应充分搅拌使反应器内活性污泥浓度保持均匀，以避免由于采样带来的误差。

（4）反应器内的溶解氧建议维持在 6～7 mg/L，以保证测定呼吸速率时有足够的溶解氧。

六、实验结果整理

（1）记录实验操作条件。

实验日期：________年_______月______日

反应器序号：

间甲酚投加量：_____g

污泥浓度：________g/L

（2）实验数据记录（表 2-14）。

表 2-14　溶解氧测定值

测定序号		0	1	2	3	4	5	6	7	8	9	d*O*/d*t*
1	时间 *t*/min											d*O*/d*t*
	溶解氧测定仪读数/（mg/L）											
2	时间 *t*/min											d*O*/d*t*
	溶解氧测定仪读数/（mg/L）											
3	时间 *t*/min											d*O*/d*t*
	溶解氧测定仪读数/（mg/L）											
4	时间 *t*/min											d*O*/d*t*
	溶解氧测定仪读数/（mg/L）											
5	时间 *t*/min											d*O*/d*t*
	溶解氧测定仪读数/（mg/L）											

（3）以溶解氧测定值为纵坐标，时间 *t* 为横坐标作图，所得直线的斜率即 d*O*/d*t*（做 5 h 测定可得到 9 个 d*O*/d*t* 值）。

（4）以呼吸速率 d*O*/d*t* 为纵坐标，时间 *t* 为横坐标作图得 d*O*/d*t* 与 *t* 关系曲线。

七、实验结果讨论

（1）若污水中存在有毒有害物质，对微生物的生长有何影响？

（2）拟定一个确定有毒有害物进入生物处理构筑物容许浓度的实验方案。

（3）根据实验结果说明间甲酚对微生物氧吸收过程的影响。

第八节　厌氧消化实验

一、实验目的

（1）掌握厌氧消化实验方法；

（2）了解厌氧消化过程 pH、碱度、产气量、COD 去除率及 MLVSS 的变化情况；

（3）加深对厌氧消化的理解。

二、实验原理

厌氧消化过程是在无氧条件下，兼性细菌和专性厌氧细菌降解有机物的过程，其反应过程一般经历两个阶段：第一阶段为产酸阶段；第二阶段为产气阶段，整个反应过程如下：

$$\text{游离分子有机物}\xrightarrow[\text{（脱硫弧菌）（}H_2S\text{）}]{\text{产酸菌}}\underset{(H_2S)}{\text{有机酸+醇类等}}\xrightarrow[\text{（产气阶段）}]{\text{产甲烷菌}}CH_4\uparrow+CO_2\uparrow\text{等}$$

厌氧消化过程受 pH、碱度、温度、负荷率等因素的影响，产气量与操作条件、污染物种类有关。

在进行厌氧消化实验时应使形成有机酸和甲烷的速度保持平衡，消化才能正常进行。为建立这一平衡，实验应注意下述条件：

（1）绝对厌氧；

（2）pH 控制在 6.2～7.5，当 pH 低于 6.2 时，实验系统可投加 $NaHCO_3$ 调节碱度；

（3）营养：氮、磷的投加量可按 BOD_5∶N∶P=100∶5∶1 进行投加，若实验污泥含 N 量不够，可投加 NH_4Cl，不能投加$(NH_4)_2SO_4$；

（4）温度：高温消化适宜温度为 50～55℃，中温消化为 30～35℃，低温消化为 5～15℃；

（5）混合：适当混合使厌氧菌与有机物充分接触，是使消化正常进行的必要条件，实验室采用间歇进料厌氧消化实验，在温度为 35℃时，每日混合 1～2 次；

（6）水力停留时间：温度 35℃时，对间歇进料的实验，水力停留时间为 5～7 d；

（7）有毒物质：主要为重金属离子和某些阴离子，须严格控制它们在废水中的浓度。

本实验采用间歇进料方式，在 35℃的实验条件下，采用谷氨酸钠和磷酸氢二钾配制成的合成污水进行实验。

三、实验装置、设备及仪器仪表

（一）实验装置

实验装置由消化器、湿式气体流量计和恒温箱组成，如图 2-8 所示。

消化器放在恒温箱内，用普通白炽灯加热，并以温度控制仪控制恒温箱温度。

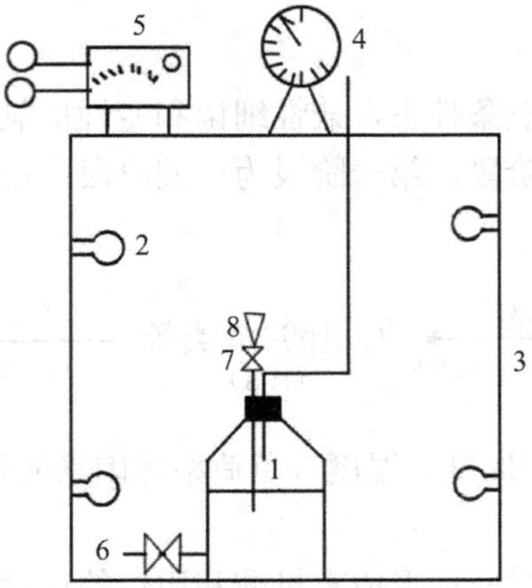

1—消化器；2—白炽灯；3—恒温箱；4—湿式气体流量计；

5—温度指示控制仪；6、7—螺丝夹；8—进料漏斗

图 2-8　厌氧消化实验装置

（二）实验设备和仪器仪表

（1）消化器　（2 500 mL 的两口小口瓶）　1 个

（2）湿式气体流量计　（BSD—0.5 型）　1 台

（3）白炽灯泡　（100 W）　6 个

（4）温度指示控制仪　（WMZK—01）　2 台

（5）COD 测定仪器　1 套

（6）测定碱度仪器　1 套

（7）烘箱　1 台

（8）马辐炉　1 台

（9）分析天平　1 台

（10）气相色谱仪　1 台

（11）酸度计　1 台

（12）漏斗、螺丝夹等　1 台

四、实验步骤

（1）从城市污水厂取回成熟的消化污泥，并测定其 MLSS。

（2）取消化污泥 2 L，装入厌氧消化器内（控制污泥浓度为 20 g/L 左右）。

（3）密闭消化反应系统，放置一天，以便兼性细菌消耗掉消化器内的氧气。

（4）将消化器内的混合液摇匀，按确定的水力停留时间由螺丝夹 6 处排去消化

器内的混合液。例如水力停留时间为 5 d，应排去混合液 400 mL。

（5）配制 10 g/L 的谷氨酸钠溶液，其分子式为：

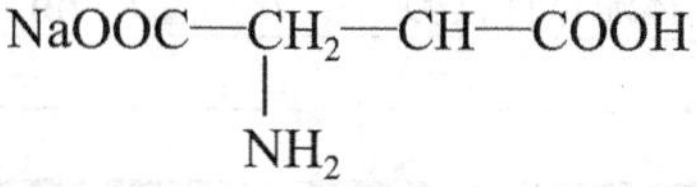

（6）按确定的停留时间投加谷氨酸钠溶液和相应的磷酸二氢钾溶液，使消化器内混合液体积仍然是 2 L。

① 先倒少量谷氨酸钠溶液于进料漏斗，微微打开螺丝夹使溶液缓缓流入消化器，并继续加谷氨酸钠和磷酸二氢钾溶液。

② 当漏斗中溶液只剩少量时，迅速关紧螺丝夹，以免空气进入实验装置。

（7）摇匀消化器内混合液。

（8）第二天，记录湿式气体流量计读数，计算一天的产气量。

（9）以后每天重复实验步骤（4）、（6）、（7）、（8）。一般情况下，运行 1～2 个月可以得到稳定的消化系统。

（10）实验系统稳定后连续三天测定 pH、气体成分、碱度、进水 COD、出水 COD、MLVSS。

五、注意事项

（1）为使实验装置不漏气，可用橡皮泥密封各接口。

（2）每组宜做两个对比实验，一个为水力停留时间大于 7 d，另一个为小于 7 d，以观察 pH、碱度、产气量、COD 去除率变化情况。停留时间小于 7 d 的装置可在实验开始后的 10～20 d 测定上述项目。

六、实验结果整理

（1）实验开始日期______年______月______日

实验结束日期______年______月______日

消化器容积______L　　实验温度______℃

泥龄 θ_1____、θ_2______

谷氨酸钠投加量______g

磷酸二氢钾投加量_____g

（2）参考表 2-15 记录产生量和 pH。

（3）气相色谱仪测得的气体成分可参考表 2-16。

（4）测定碱度数据可按表 2-17 记录，并计算碱度（以 $CaCO_3$ 计）。

表 2-15　产气量和 pH

水力停留时间θ_1			
日期	湿式气体流量计读数	产气量/（mL/d）	pH

表 2-16　厌氧消化气体成分

成分		峰高 $H(CH_4)$/cm	CH_4/%	峰高 $H(CO_2)$/cm	CO_2/%	峰高 $H(H_2)$/cm	H_2/%
标准样							
日期							

表 2-17　测定碱度数据记录

日期	θ_1/d	H_2SO_4的用量			H_2SO_4的浓度/（mol/L）
		后读数	初读数	差值	

（5）测定 COD 实验数据可参考表 2-18 的记录。

表 2-18　COD 测定数据

日期	θ_1/d	空　白				进水 COD				出水 COD			
		后读数	初读数	差值	水样体积/mL	后读数	初读数	差值	水样体积/mL	后读数	初读数	差值	水样体积/mL

根据表 2-18 所列数据计算 COD。

（6）MLSS 和 MLVSS 的测定数据可参考表 2-19 的记录。

表 2-19　MLSS 与 MLVSS 测定数据

滤纸灰分					
日期	θ_1/d	坩埚编号	坩埚+滤纸/g	坩埚+滤纸+污泥/g	灼烧后/g

根据表 2-19 所列数据计算 MLSS 和 MLVSS。

七、实验结果讨论

（1）试述泥龄对厌氧消化处理的影响。

（2）根据实验结果讨论环境因素对厌氧消化的影响。

（3）当废水中含 N 量不够时，为什么不能投加$(NH_4)_2SO_4$以补充 N？

（4）你认为消化池设计的主要参数是什么？为什么？

第九节 臭氧消毒实验

一、实验目的

（1）了解臭氧制备装置，熟悉臭氧消毒的工艺流程。

（2）掌握臭氧消毒的实验方法。

（3）验证臭氧杀菌效果。

二、实验原理

臭氧呈淡蓝色，由 3 个氧原子（O_3）组成。作为水消毒剂的应用在世界上已有数十年的历史。它具有强烈的杀菌能力和消毒效果。给水或排水利用臭氧杀菌效力高，这是由于：① 臭氧氧化能力强；② 穿透细胞壁的能力强。此外，还有一种说法，就是由于臭氧破坏细菌有机链状结构，导致细菌死亡。

臭氧处理饮用水作用快、安全可靠。随着臭氧处理过程的进行，空气中的氧也充入水中，因此水中溶解氧的浓度也随之增加。臭氧只能在现场制取，不能贮存。这是由臭氧的性质决定的。但可在现场随用随产。臭氧消毒所用的臭氧剂量与水的污染程度有关，通常在 0.5～4 mg/L。臭氧消毒不需很长的接触时间，不受水中氨氮和 pH 的影响，消毒后的水不会产生二次污染。

臭氧的缺点是电耗大、成本高。臭氧易分解，尤其超过 200℃以后，因此不利于使用。

对臭氧性质产生影响的因素有：露点（−50℃）、电压、气量、气压、湿度、电频率等。

臭氧的工业制造方法采用无声放电原理。空气在进入臭氧发生器之前要经过压缩、冷却、脱水等过程，然后进入臭氧发生器进行干燥净化处理，并在发生器内经高压放电，产生浓度为 10～12 mg/L 的臭氧化空气，其压力为 0.4～0.7 MPa。将此空气引至消毒设备应用就可以了。臭氧化空气由消毒用的反应塔（或称接触塔）底部进入，经微孔扩散板（布气板）喷出，与塔内待消毒的水广泛接触反应，达到消毒目的。反应塔是关键设备，直接影响出水水质。

臭氧消毒后的尾气还可引至混凝沉淀池加以利用。这样，不仅可降低臭氧耗量，还可降低运转费用。因为原水中的胶体物质或藻类可被臭氧氧化，并通过混凝沉淀除去。

三、实验装置

实验装置包括气源处理装置、臭氧发生器，接触投配装置、检测仪表等部分。为便于实验，以氧气瓶代替空气压缩机，纯 O_2 直接进入臭氧发生器，产生的臭氧质纯，且操作简便，更适于实验室条件下应用。

四、实验步骤及记录

（1）将滤池来水（或自配水样）装满水箱。然后启动微型泵将水送至高水箱（此时开启臭氧发生装置）。

（2）每次读流量值的同时测进气 O_3 及原气 O_3 浓度。并取进水及出水水样备检，备检水样置于培养皿内培养基上，在 37℃恒温箱内培养 24 h，测细菌总数。以上各项读数及测得数值均记入表 2-20。

（3）臭氧利用系数也称吸收率，其值以进气浓度 c_1 与原气浓度 c_2 间的关系表示：

$$(c_1-c_2)/c_1=吸收率$$

表 2-20 臭氧消毒实验记录

水样编号	停留时间/min	进水流量/(L/h)	进水细菌总数/（个/mL）	进气流量/(L/h)	进气压力/MPa	标准状态进气流量/(L/h)	臭氧浓度		臭氧投量/(mg/h)	出水细菌总数/（个/mL）	出水臭氧浓度/(mg/L)	反应塔内水深/m	臭氧利用系数/%（吸收率）	细菌去除率/%	备注
							进气 c_1/(mg/L)	尾气 c_2/(mg/L)							
1	2	3	4	5	6	7	8	9	10	11	12	13	14	15	16

所谓细菌去除率，是以进水中细菌数量与出水中细菌数量之间的关系表示，形式同上。

（4）臭氧浓度的测定。

（5）实验前熟悉设备情况，了解各阀门及仪表用途，臭氧有毒性、高压电有危险，要切实注意安全。

（6）实验完毕先切断发生器电源，然后停水，最后停气源和空气压缩机，并关闭各有关阀门。

五、实验结果整理

（1）求臭氧利用系数及细菌去除率。

（2）做臭氧消耗量与细菌总数去除率曲线。

第十节　曝气设备充氧能力的测定

一、实验目的

活性污泥法处理过程中曝气设备的作用是使空气、活性污泥和污染物三者充分混合，使活性污泥处于悬浮状态，促使氧气从气相转移到液相、从液相转移到活性污泥上，保证微生物有足够的氧进行物质代谢。由于氧的供给是保证生化处理过程正常进行的主要因素之一，因此，工程设计人员和操作管理人员常需通过实验测定氧的总传递系数 K_{La}、评价曝气设备的供氧能力和动力效率。

通过本实验希望达到下述目的：

（1）掌握测定曝气设备的氧总传递系数和充氧能力的方法；

（2）对比表面曝气器在不同位置下的曝气效果；

（3）了解各种测试方法和数据整理方法的特点。

二、实验原理

评价曝气设备充氧能力的试验方法有两种：（1）不稳定状态下进行试验，即试验过程中水中溶解氧浓度是变化的，由零增到饱和浓度；（2）稳定状态下的试验，即试验过程中水中溶解氧浓度保持不变。试验可以用清水或在生产运行条件下进行。下面分别介绍各种方法的基本原理。

（一）不稳定状态下进行试验

在生产现场用自来水或曝气池出流的上清液进行试验时，先用亚硫酸钠（或氮气）进行脱氧，使水中溶解氧降到零，然后再曝气，直至溶解氧升高到接近饱和水平。假定这个过程中液体是完全混合的，符合一级动力学反应，水中溶解氧的变化可用式（2-10）表示。

$$\frac{\mathrm{d}c}{\mathrm{d}t} = K_{La}(c_s - c) \tag{2-10}$$

式中：$\mathrm{d}c/\mathrm{d}t$ ——氧转移速率，mg/(L・h)；

K_{La}—— 氧的总转递系数，L/h，可以认为是一混合系数，其倒数表示使水中的溶解氧由 c 变到 c_s 所需要的时间，是气液界面阻力和界面面积的函数；

c_s—— 试验条件下自来水（或污水）的溶解氧饱和浓度，mg/L；

c—— 相应于某一时刻 t 的溶解氧浓度，mg/L。

将式（2-10）积分得

$$\ln\left(c_s-c\right)=-K_{La}\cdot t+常数 \tag{2-11}$$

式（2-11）表明，通过试验测得 c_s 和相应于每一时刻 t 的溶解氧 c 值后，绘制 ln（c_s–c）与 t 的关系曲线，其斜率即 K_{La}。另一种方法是先做 c 与 t 的关系曲线，再做对应于不同 c 值的切线得到相应的 dc/dt，最后做 dc/dt 与 c 的关系曲线，也可以求得 K_{La}。

（二）稳定状态下进行试验

如果能较正确地测定活性污泥的呼吸速率，也可以在现场生产运行条件下，通过稳定状态下的充氧试验测定曝气设备的充氧能力。试验时先停止进水和回流污泥，使溶解氧浓度稳定不变，并取出混合液测定活性污泥的呼吸速率，由于溶解氧浓度稳定不变，则 dc/dt=0，即

$$\frac{\mathrm{d}c}{\mathrm{d}t}=K_{La}\left(c_{sw}-c\right)-r=0 \tag{2-12}$$

式（2-12）表明，测得 r、c_{sw} 和 c 后，可以计算 K_{La}。微生物呼吸速率 r，可以用瓦勃呼吸仪或本实验中所采用的简便方法进行测定（详见实验步骤）。

由于溶解氧饱和浓度、温度、污水性质和搅动程度等因素都会影响氧的传递速率，在实际应用中为了便于比较，须进行压力和温度校正，把非标准条件下的 K_{La} 转换成标准条件（20℃，101.33 kPa）下的 K_{La}，通常采用以下的公式计算：

$$K_{La(20)}=K_{La(t)}\cdot 1.024^{(20-t)} \tag{2-13}$$

式中：t—— 试验时的水温，℃；

$K_{La(t)}$ —— 水温为 t 时测得的总传递系数，h^{-1}；

$K_{La(20)}$ —— 水温 20℃时的总传递系数，h^{-1}。

气压对溶解氧饱和浓度的影响为

$$c_{s(校正)}=c_{s(试验)}\times\frac{标准大气压}{试验时的大气压} \tag{2-14}$$

当采用表面曝气时，可以直接运用式（2-14），不须考虑水深的影响。采用鼓风曝气时，空气扩散器常放置于近池底处，由于氧的溶解度受到进入曝气池的空气

中氧分压的增大和气泡上升过程因氧被吸收而使得分压减少的影响，计算溶解氧饱和值时应考虑水深的影响，一般以扩散器至水面 1/2 距离处的溶解氧饱和浓度作为计算依据。计算方法如下：

1．平均静水压力

$$p'=\left(1+\frac{10+H}{10}\right)\times\frac{1}{2} \tag{2-15}$$

式中：p' —— 上升气泡受到的平均静水压力，kPa；

H —— 扩散器以上的水深，m。

2．气泡内氧所占的体积比

由于气泡上升过程中部分氧溶解于水，所以当气泡从池底上升到水面时，气泡中氧的比例减少，其数值为

$$O'=\left[O_{\mathrm{h}}-\left(O_{\mathrm{h}}\times\delta\right)\right]\times 100\% \tag{2-16}$$

式中：O' —— 气泡上升到水面时，气泡内氧的比例；

O_{h} —— 在池底时，气泡中氧的比例，21%（体积分数）；

δ —— 扩散设备的空气利用系数。

3．氧的平均饱和浓度

$$c_{\mathrm{s(平均)}}=c_{\mathrm{s(标)}}\times\frac{p'}{p}\times\frac{O_{\mathrm{s}}}{O_{\mathrm{h}}} \tag{2-17}$$

式中：$c_{\mathrm{s（标）}}$ —— 标准条件下氧的饱和浓度，mg/L；

p —— 标准大气压，101.325 kPa。

（三）充氧能力和动力效率

充氧能力可以用下式表示

$$OC=K_{\mathrm{La（20）}}\,c_{\mathrm{s（标）}}\,V \tag{2-18}$$

式中：OC —— 标准条件下的充氧能力，kg O_2/h；

V —— 曝气池体积，m^3。

动力效率常被用于比较各种曝气设备的经济效益，计算公式如下：

$$E=\frac{OC}{N} \tag{2-19}$$

式中：N —— 采用叶轮曝气时，N 为轴功率，kW。

采用射流曝气时，计算氧转移效率：

$$E_{\mathrm{A}}=\frac{OC}{S}\times 100\% \tag{2-20}$$

S为20℃的供氧量：

$$S = 21\% \times 1.33Q_{(20)} \quad (2\text{-}21)$$

式中：$Q_{(20)}$——20℃时空气量，m^3/h；

$$Q_{(20)} = \frac{Q_t}{\dfrac{pT}{p_0T_0}} \approx Q_t \quad (2\text{-}22)$$

Q_t——转子流量计上读数，m^3/h；

p_0——标准状态时空气压力，一个大气压；

T_0——标准状态时空气绝对温度；

p——实验条件下空气压力；

T——实验条件下空气的绝对温度。

上述方法适用于完全混合型曝气设备充氧能力的测定。推流式曝气池中K_{La}、c_{sw}是沿池长方向变化的，不能采用上述方法进行测定。

三、实验装置、设备及仪器仪表

（一）实验装置

实验装置的主要部分为泵型叶轮、射流曝气设备和模型曝气池。为保持曝气叶轮转速在实验期间恒定不变，电动机要接在稳压电源上。

（二）实验设备及仪器仪表

（1）模型曝气池　硬塑料制　　1个

高度H=36 cm，直径D=29 cm

（2）泵型叶轮　铜制　　1个

直径d=12 cm

（3）电动机　　1台

220 V　2.5 A

（4）直流稳压电源　YJ 44型　　1台

0～30 V　0～2A

（5）溶解氧测定仪　　1 台

（6）电磁搅拌器　　1台

（7）卷尺　　1个

（8）秒表　　1块

（9）烧杯 200 mL　　3个

（10）计算器（自带）

四、实验步骤

（1）确定曝气池内测定点（或取样点）位置。通常在平面上测定点可以布置在三等分池子半径的中点和终点，在立面上布置在离池面和池底 0.3 m 处，以及池子一半深度处，共取 12 个测定点（或 9 个测定点）。但本实验模型较小，故可以仅确定一个测定点，无须布置 9～12 个测定点。

（2）曝气池内注入自来水，水面没过叶轮 5 cm 左右，测定曝气池内水的体积，并测定水中溶解氧。

（3）计算 $CoCl_2$ 和 Na_2SO_3 的需要量。

$$Na_2SO_3+\frac{1}{2}O_2\xrightarrow{CoCl_2}Na_2SO_4$$

从上面反应式可以知道，每去除 1 mg 溶解氧需要投加 7.9 mg Na_2SO_3。根据池子的容积和自来水（或污水）的溶解氧浓度可以算出 Na_2SO_3 的理论需要量。实际投加量应为理论值的 150%～200%。计算方法如下：

$$m_1=V\times c_s\times 7.9\times(150\%\sim 200\%)$$

式中：m_1——Na_2SO_3 的实际投加量，mg；

V——曝气池体积，m^3 或 L。

催化剂氯化钴的投加量，按维持池子中的钴离子浓度为 0.05～0.5 mg/L 计算（用温克尔法测定溶解氧时建议用下限），计算方法如下：

$$m_2=V\times 0.5\times\frac{129.9}{58.9}$$

式中：m_2——$CoCl_2$ 的投加量，mg。

（4）将 Na_2SO_3 和 $CoCl_2$ 溶解后直接投入曝气池内，缓慢搅拌 1～2 min 使 Na_2SO_3 扩散至完全混合。

（5）待溶解氧降到零并达到稳定时，开始正常曝气，计时每隔 10～15 s 测定溶解氧浓度，并做记录，直到溶解氧达饱和时结束试验。

（6）重复试验一次，投加适量 Na_2SO_3 搅拌，并将溶解氧降至零后，将水面高度下降到叶轮表面，正常曝气每隔 5 s 记录溶解氧浓度，直至饱和。

注意事项：

（1）溶解氧测定仪需在指导下正确操作，用完后用蒸馏水仔细冲洗探头，并用吸水纸小心吸干探头膜表面的水珠，盖上探头套待用。

（2）注意实验期间要保证供气量恒定。

五、实验结果整理

（1）记录实验设备及操作条件的基本参数。

实验日期：____年____月____日

模型曝气池：内径 D=____m　高度 H=____m　体积 V=____L

水温____℃　室温____℃　气压____kPa

实验条件下自来水的 c_s____mg/L

$CoCl_2$ 投加量____g

Na_2SO_3 投加量____g

（2）记录不稳定状态下充氧试验测得的溶解氧值，并进行数据整理。

（3）以溶解氧浓度 c 为纵坐标，时间 t 为横坐标，作 c 与 t 的关系曲线。

（4）根据 c 与 t 实验曲线计算相应于不同 c 值的 dc/dt，以 ln（c_s-c）和 dc/dt 为纵坐标，时间 t 为横坐标，绘制出两条实验曲线。

（5）分析在不同埋深高度下叶轮曝气的 K_{La} 及充氧能力。

六、实验结果讨论

（1）比较数据整理方法，哪一种误差小些？

（2）试考虑如何测定推流式曝气池内曝气设备的 K_{La}。

（3）c_s 值偏大或偏小对实验结果的影响如何？

第十一节　絮凝剂的配制与使用

本节主要介绍絮凝剂的特点、用途、用量、用法。

1．纸宝净水剂

本产品是丙烯酰胺水溶性大分子化合物，广泛应用于造纸工业废水处理。

用量：纸宝 A2 型药剂加入量为每吨废水加入 10～30 g，具体的实际用量要根据各类废水的水质情况而定。

用法：纸宝 A2 型按 10%的质量分数稀释溶解，然后参照用量按比例投入废水中并充分混合。

用途：主要针对瓦楞纸、挂面纸、牛皮纸等纸种的废水处理及污泥回用；纸宝 A2 型药剂主要针对白板纸及卫生纸类的废水处理及污泥回用。

特点：水处理效果优于常规药剂，经处理后的废水能全回用或达到国家标准排放；基本消除全流程的腐浆，使水不再发臭，浆不再发黑；每吨成纸耗用废纸量降低 5%左右。

2．聚合硫酸铁

用法及用量：在搅拌的条件下先按 5%～10%的质量分数稀释溶解，根据水质情况而定，一般加入量在 0.005‰～0.2‰ 。

用途：广泛应用于工业废水和城市废水及多种工业用水的处理，包括造纸、印染、制革、选矿、电镀、制药、食品及钢铁行业的废水处理。

特点：絮凝效果好、矾花大、沉速快、污泥浓缩性好；沉渣无返溶现象，出水久置不返色；1%水溶液 pH 为 2～3。外观为淡黄色固体粉状物；全铁质量分数大于 18%，亚铁质量分数小于 1.2%。

注意事项：

（1）投加量的确定，根据原水性质可通过生产调试或烧杯实验视矾花形成适量而定，制水厂可根据相应药剂浓度计算酌定。

（2）使用时，将上述配制好的药液，泵入计量槽，通过计量投加药液与原水混凝。

（3）一般情况下当日配制当日使用，配药需要自来水，稍有沉淀物属正常现象。

（4）注意混凝过程三个阶段的水力条件和形成矾花状况。

凝聚阶段：是药液注入混凝池与原水快速混凝在极短时间内形成微细矾花的过程，此时水体变得更加浑浊，它要求水流能产生激烈的湍流。烧杯实验中宜快速（250～300 r/min）搅拌 10～30 s，一般不超过 2 min。

絮凝阶段：是矾花成长变粗的过程，要求适当的湍流程度和足够的停留时间（10～15 min），至后期可观察到大量矾花聚集缓缓下沉，形成表面清晰层。烧杯实验先以 150 r/min 搅拌约 6 min，再以 60 r/min 搅拌约 4 min 至呈悬浮态。

沉降阶段：它是在沉降池中进行的絮凝物沉降过程，要求水流缓慢，为提高效率一般采用斜管（板）沉降池（最好采用气浮法分离絮凝物），大量的粗大矾花被斜管（板）壁阻挡而沉积于池底，上层水为澄清水，剩下的粒径小、密度小的矾花一边缓缓下降，一边继续相互碰撞结大，至后期余浊基本不变。烧杯实验宜以 20～30 r/min 慢搅 5 min，再静沉 10 min，测余浊。

（5）本产品须保存在干燥、防潮、避热的地方（温度＜80℃，切勿损坏包装，产品可长期储存）。

（6）本产品必须溶解才能使用，溶解设备和加药设施应采用耐腐蚀材料。

3．聚合双酸铝铁

用法及用量：按 10%的质量分数稀释溶解后加入水中充分搅拌混合。投加量随废水的浊度的升高而增加，给水处理一般在 0.01‰～0.05‰，废水处理一般在 0.005‰～0.2‰。

用途：广泛应用于工业废水和城市污水的处理，包括二次纤维造纸、印染、制革、选矿、电镀、制药、食品及钢铁行业的废水处理，可用于特种给水净化，电子工业、电厂的给水净化前处理。

特点：絮凝体形成快，活性高。沉降分离迅速，使用 pH 范围广，温度影响不大，对高浊高温或低温低浊水和有机污染的废水适应性强，效果好。

4. 多元高分子材料

本产品集合了 PAM 和 PAS 的特点，以显示阳离子特性为主，兼有两性絮凝剂的优点，能中和及去除水体的阴离子的胶体，其絮凝能力比聚丙烯胺强，而用量只有聚丙烯胺的 50%～60%。

用法及用量：按 0.4～1 kg 均匀撒于 1 000kg 水中，并在 60 r/min 的搅拌条件下搅拌溶解 20～30 min，溶解后加入水中并充分搅拌混合，与无机或有机混凝剂配合使用，其用量一般为 0.005‰～0.025‰。

用途：该产品是助凝剂的一种，适用于各类沉淀、气浮设备的废水絮凝处理。

特点：分子量高，投加量少，反应速度快，处理后水质好、无毒、无腐蚀性，使用安全，适用范围广，不产生二次污染，对于造纸行业的回用废纸浆及白水封闭循环的纸厂，在抄浆的过程中，可提高纤维的留着率及滤水性。

注意事项：

（1）该产品应稀释 10 倍后投加水体中，且要搅拌均匀。投加量随浊度的升高而增加：原水的处理一般在 10～50 mg/L，废水的处理一般在 5～100 mg/L。

（2）宜存放于干燥通风库房内，储存期一年，结块不影响其化学效能，运输按非危险品办理。

5. 高效脱色剂

本产品为季铵型阳离子高分子有机化合物，具有脱色、絮凝、去除 COD 等功能。

用法及用量：将本产品用清水按 4%～10%的浓度稀释并搅拌均匀，然后直接加入水中充分混合，产生絮凝作用，经各式沉淀或气浮处理后即可得到脱色后的清液。加入量在 0.01‰～0.05‰，具体用量应视废水的浓度及色度经杯试后确定。

用途：广泛应用于染料、纺织、印染、油墨等行业的高色度废水，对活性、酸性、分散染料有很好的脱色效果，对阳离子染料则效果不明显。

特点：本药剂外观为无色或浅色黏稠液体，贮存温度为 5～30℃，不宜暴晒，其适宜废水的 pH 为 6～10，使用时应注意调节废水的 pH，当废水的色度、有机浓度较高时宜将无机絮凝剂配合高效脱色剂使用，以降低废水处理成本。

注意事项：

（1）废水的最佳 pH 为 6～10。

（2）当废水的色度、COD 较高时，宜将脱色剂与无机絮凝剂搭配使用，但不能混合使用，这样可以降低处理成本。药剂的投加顺序和投加比例应根据搅拌试验和废水处理的实际工艺来决定。

（3）本产品适宜的储存温度为5～30℃，勿在烈日下暴晒。

6．阴离子聚丙烯酰胺

用法及用量：按0.5～1 kg均匀撒于1 000 kg水中，并在转速60 r/min的搅拌条件下搅拌溶解10～20 min，溶解后加入水中并充分搅拌混合，与无机或有机混凝剂配合使用，其用量一般在0.001‰～0.007‰。

用途：该产品是助凝剂的一种，适用于各类沉淀、气浮设备的废水絮凝处理，广泛应用于给水、排水的絮凝处理、污泥脱水等，以及石油开采的聚合物驱油。

特点：分子量高，投加量少，反应速度快，处理后水质好，微毒、无腐蚀性，使用安全，适用范围广，不产生二次污染。

7．阳离子聚丙烯酰胺

用法及用量：按0.5～1 kg均匀撒于1 000 kg水中，并在转速60 r/min的搅拌条件下搅拌溶解10～20 min，溶解后加入水中（污泥中）并充分混合，与无机或有机混凝剂配合使用，其用量一般在0.001‰～0.007‰。

用途：广泛应用于给水及排水处理的污泥脱水处理。

特点：分子量一般在600万～800万，投加量少，反应速度快，处理效果好，微毒、无腐蚀性，使用安全，适用范围广，不产生二次污染。

注意事项：

（1）配制与贮存水溶液时应在搪瓷、镀锌或塑料桶内进行，不可与铁制品接触；

（2）溶解时应将产品均匀地、慢慢地加入有搅拌和加热措施的溶解器中，应避免结大团块和长时间剧烈的机械剪切。

8．非离子聚丙烯酰胺

用法及用量：按0.5～1 kg均匀撒于1 000 kg水中，并在转速60 r/min的搅拌条件下搅拌溶解10～20 min，溶解后加入水中并充分搅拌混合，与无机或有机混凝剂配合使用，其用量一般在0.001‰～0.007‰。

用途：该产品在给水、排水处理方面是助凝剂的一种，在废水显酸性时采用非离子型聚丙烯酰胺较为合适，适用于各类沉淀、气浮设备的废水絮凝处理，广泛应用于给水及排水的絮凝处理及污泥脱水；同时其亦可作为油田调配堵水剂、纺织工业助剂、化学灌浆剂、土壤保湿剂，此外，还可用于防沙。

特点：分子量高，投加量少，反应速度快，处理效果好，微毒、无腐蚀性，使用安全，适用范围广，不产生二次污染。

注意事项：

（1）离子型PAM是一种絮凝能力非常强的絮凝剂，它的絮凝速度比阴离子型

PAM 快。在油田含油污水处理时，通常与铝盐配合使用。

（2）使用前要通过实验确定其最佳用量，用量过低，不起作用，用量过高，起反作用。这是因为超过一定浓度，PAM 不但不起絮凝作用，反而起分散稳定作用。

（3）加药时应使用较低的浓度，以保证混合均匀。

9．FT 高效脱色剂

性能及用途：

（1）性能：该产品是一种新型、无毒、无味、不燃、弱酸性、呈灰白色粉末状的复合无机化合物。

（2）用途：该产品对印染废水脱色适应范围广，能用于直接染料、活性染料、分散染料、还原染料、硫化染料金属络合染料以及绝大多数酸性染料废水的脱色混凝沉淀，对强碱性硫化染料的废水脱色效果尤为显著。另外，对制革废水及垃圾渗出污水的处理，FT 混凝剂也有很好的效果。

使用方法：

（1）使用时可以按需要量把粉状药剂直接加入废水中，搅拌 15～20 min 后沉淀分离。也可以配成 10%的水溶液（配时最好溶解 20～30 min 后再使用）。用水溶时，搅拌 5～10 min 即可。

（2）在向印染废水加入 FT 时，需搅拌并测 pH，根据酸碱度加石灰或碱液或酸来调节 pH 至 7.0～8.5，不低于 7，然后沉淀分离。

10．聚合氯化铝/碱式氯化铝

产品特征：聚合氯化铝为淡黄色颗粒或粉状固体；碱式氯化铝为灰色或褐色颗粒或粉状固体。

主要质量指标：Al_2O_3（%）≥28；盐基度（%）≤50.0～85.0；pH（1%水溶液）3.5～5.0。

产品性能及用途：

（1）无毒、无味、腐蚀性小，适用于城市给水净化；

（2）处理水的 pH 变化小，可不加或少加碱性助剂或助凝剂；

（3）适用投加的 pH 范围宽，过量投加也不易产生副作用；

（4）对酸度、碱度、有机物的浓度变化适应性好；

（5）已用于含油、纺织、皮革等工业污水处理。

使用方法：

（1）固体产品应溶解并稀释至所需浓度后按所需剂量投加；

（2）通常配制成 10%～15%的溶液，溶解时应将本品慢慢倒入水中并不断搅拌；

（3）水质影响加药量，具体投加量应由小型实验确定，一般 0.05‰～0.2‰。

注意事项：

（1）根据原水不同情况，使用前可先做小试求得最佳药量。为便于计算，小试溶液配置按质量体积比（*m/V*），一般以 2%～5%配为好。如配 3%溶液：称聚合氯化铝铁 3 g，盛入洗净的 200 mL 量筒中，加清水约 50 mL，待溶解后再加水稀释至 100 mL 刻度，摇匀即可。

（2）生产用按聚合氯化铝铁∶清水＝1∶3 左右先混合溶解后，再加水稀释至 10%～15%（质量分数）的溶液即可。低于 1%的溶液易水解，会降低使用效果，浓度太高易造成浪费。

（3）加药按求得的最佳投加量投加。并在运行中注意观察调整，如见沉淀池矾花少，余浊大，则投加量过少；如见沉淀池矾花大且上翻，余浊高，则加药量过大。应适当调整。

（4）加药设施应防腐。适用于一切水处理设施。

安装、运输及贮存要求：

（1）应轻装轻卸，以免包装破损。

（2）不得与有毒有害物共运共贮。

（3）应贮存于常温干燥处，以免受潮后影响使用效果。

（4）固体产品有效贮存期一年；液体产品贮存期半年。

（5）固体产品包装袋内衬聚乙烯薄膜，外套编织袋双层包装，内袋扎口（或热合），外袋应牢固封口，每袋净重 25 kg。液体产品用符合有关卫生要求、清洁、密封的槽车或塑料容器装运。

11．去污净水剂

产品性能：

（1）高效快速。去污净水剂是复合型无机大分子聚合物，分子结构庞大，吸附能力强，净水效果优于所有净水剂。投入后形成的絮凝体性能强，沉淀速度快，形成的渣压滤或干化容易。净化能力是聚铝及聚铁的 1～2 倍，是硫酸铝的 3～4 倍，特别对高难度的印染废水和脱色难的水处理难题，可以达到有的净水剂无法达到的净化要求，且使用成本低。

（2）适应性强，对各种原水 pH 影响较小（pH=6～9），产生污泥少。

（3）质量标准：外观淡绿色液体或棕褐色固体，pH=1～3。

使用方法：

（1）使用时应先做净水试验，以求得最佳投药量。使用产品时，应先加 2～4 倍水稀释，再按一定比例投加到污水中，加入一定量的石灰后自然搅拌沉淀即可。

（2）适应的水质 pH 为 6～9，并以 6.5～8.0 为佳，配合石灰能收到满意的净化效果。

应用范围：

（1）漂染、印染、牛仔洗水厂等排放的纺织、印染废水，用量少，成本低，脱色效果好。

（2）电镀行业的含铬废水处理。

包装、运输、贮存：

产品用塑料桶包装，应密封保存于干燥通风处，不能与有害物质混运共贮。

12．河清净水剂

产品性能：

（1）产品活性高，沉淀分离快。

（2）加药量小，成本低，使用 pH 范围广，效果好。

该产品应稀释 10 倍后再投加水体中，并搅拌均匀。投加药剂时，药剂溶液必须在搅拌状态下投加，否则对处理影响甚大。

使用范围：适用于低浊度废水处理，例如：河水处理、工业给水及城市污水处理。

使用方法及注意事项：

（1）用时应先做净水试验，以求得最佳投药量，一般加入量在每吨水 0.01‰～0.05‰；

（2）使用时，应先加 10 倍水搅拌使之溶解后，再按一定比例投加到原水或污水中，让其随水流自然搅拌沉淀即可，注意因为河清净水剂中复配有高效吸附剂，在使用时，应边搅拌边投加，以防止高效吸附剂分层影响处理效果；

（3）适应的水质 pH 为 6～9，与多元高分子絮凝剂搭配使用，效果更佳；

（4）注意该产品易吸湿潮解和结块，故一般应密封于干燥通风处储存。

13．硫酸铝

产品性能：外观呈淡绿块或粒状，适用水温 20～40℃，当 pH 为 4.5～5，主要去除废水中的有机物和色度，当 pH 为 6.5～7.5 时主要去除废水中的 SS。

使用方法：将本产品倒入装有搅拌装置的药池中，使用搅拌装置使其慢慢溶解，配制浓度为 10%～15%，水质影响加药量，具体投加量应由小型实验确定，投加水体 pH 一般为 6～9。

适用范围：广泛用于造纸、印染等工业污水处理，也用于河水的净化处理。

14．七水硫酸亚铁

产品性能：外观呈草绿色晶体，含水率较高，对去除水中硫化物有较好的效果，对印染等染色行业的废水脱色也有较好的效果，电镀废水方面可作为还原剂使用。

使用方法：将本品配制成 10%左右的质量分数使用，加进水体最佳的 pH 在 8 左右，当 pH 小于 8 时效果较差，腐蚀性较高。

适用范围：广泛用于印染废水脱色，皮革废水除硫化物等工业污水处理。

15．石灰

本产品作为一般的 pH 调整剂、除磷剂及助凝剂，广泛用于电镀、印染污水处理。与其他药剂一起使用，使絮体生成快、颗粒大、沉淀速度快；缺点是渣量较大。

16．氯化钙

一般用于除磷方面的废水处理，配制成10%左右质量分数，与其他的絮凝药剂配合使用。

17．轻质碳酸钙

本品一般用于磷化、喷涂等含磷废水，可调节 pH 并用作除磷剂，通常应和其他药剂配合使用。

第三章 水处理设施运行常用工艺参数的测定

第一节 pH 的测定——电位计法

一、实验目的

掌握电位计法测定 pH 的原理与方法。

二、实验原理

以玻璃电极为测量电极，饱和甘汞电极为参比电极与样品组成工作电池，根据 Nernst 方程，25℃时每相差一个 pH 单位（氢离子活度相差 10 倍），工作电池产生 59.1 mV 的电位差，以 pH 直接读出。

三、实验仪器与试剂

（一）实验仪器

pH 计：刻度为 0.1pH 单位，并具有温度补偿装置。

（二）实验试剂

用分析纯试剂和去离子水。

1. 标准溶液 A

称取经 105℃干燥 2 h 的邻苯二甲酸氢钾（1.012±0.01）g 溶于水中，并稀释至 100 mL，此溶液的 pH 在 20℃为 4.00。

2. 标准溶液 B

称取在 105℃干燥 2 h 的磷酸二氢钾（KH_2PO_4）（3.390±0.003）g 和磷酸氢二钠（Na_2HPO_4）（3.530±0.003）g 溶于水中，并稀释至 1 000 mL，此溶液的 pH 在 20℃为 6.88。

3. 标准溶液 C

称取硼酸钠（$Na_2B_4O_2 \cdot 10H_2O$）（3.800±0.004）g 溶于水中，并稀释至 1 000 mL，

此溶液的 pH 在 20℃为 9.23。

四、实验步骤

（1）pH 计校正。

① 电极的玻璃球在水中浸泡 8 h 后，用滤纸揩干。

② 用标准溶液冲洗电极 3 次后，将电极浸入标准溶液中，摇动溶液，待读数稳定 1 min 后，调整 pH 计的指针，使其位于该标准溶液在测量温度的 pH 处（表 3-1）。

注：每次测量应使被测溶液的温度和室温相同。

（2）量取足量实验室样品，作为试料盛入烧杯。

（3）用水和试料先后冲洗电极，然后将电极浸入试料，摇动溶液，待读数稳定 1 min 后，读出 pH。

五、实验结果整理

以测定温度下的 pH 表示，精确至一位小数。

表 3-1　温度对标准溶液 pH 的影响

温度/℃	标准溶液 A	标准溶液 B	标准溶液 C
0	4.00	6.98	9.46
5	4.00	6.95	9.39
10	4.00	6.92	9.33
15	4.00	6.90	9.28
20	4.00	6.88	9.23
25	4.00	6.86	9.18
30	4.01	6.85	9.14
35	4.02	6.84	9.10
40	4.03	6.84	9.07

第二节　悬浮固体的测定——重量法

一、实验目的

掌握重量法测定悬浮固体浓度的原理与方法。

二、实验原理

悬浮在样品中的非溶解性固体能被酸洗石棉层截留，从而以重量法测得。

三、实验仪器、试剂与材料

（一）实验仪器

（1）300 mL 细孔瓷坩埚。
（2）真空泵。
（3）吸滤瓶。
（4）干燥箱。
（5）分析天平：感量 0.1 mg。

（二）实验试剂与材料

均使用分析纯试剂和蒸馏水。
（1）盐酸：ρ=1.19 g/mL
（2）酸洗石棉。
（3）石棉浮液的制备。

取 15 g 酸洗石棉，放入烧杯，加 300 mL 水搅和，待较粗的石棉纤维沉下后，倒出上层浮液至玻璃瓶中，重复进行三次，所得石棉浮液贮于瓶中备用。余下较粗的石棉液贮于另一玻璃瓶中。

若无酸洗石棉，可取未处理石棉 15 g 用布湿润后，加入 20 mL 盐酸，用沸水浴加热 12 h，抽滤，并用热水洗涤后备用。

四、样品采集

测定悬浮固体时，样品采集应特别注意样品的代表性。

五、实验步骤

1．石棉层的铺垫

取 30 mL 细孔瓷坩埚置于吸滤瓶上，倾入较粗的石棉浮液，慢慢抽滤成 1～2 mm 厚的石棉层，然后倾入细石棉浮液，用水洗涤，直至洗出液中不含有石棉纤维为止。正确铺好的石棉层，应使滤下的水流不成一连续直线，而是形成间断而密集的水滴。

2．空坩埚的称量

将铺好石棉层的坩埚，在 105℃干燥 1 h 后，于干燥器内冷却 30 min 以上，取出后立即称量。再次烘干、冷却、称量直至达到恒重（两次称量相差不超过 0.5 mg）。

3. 试料

量取 100 mL 实验室样品作为试料。估计悬浮固体大致浓度，可适当增加或减少试料体积。

4. 过滤

将称量过的坩埚置于吸滤瓶上，用水稍加湿润。将上层清液先行过滤，然后将下层浑浊液倾入坩埚过滤，并用少量水洗涤容器数次，一并过滤。

5. 坩埚与悬浮固体总重的称量

六、实验结果整理

悬浮固体的浓度 c 以 mg/L 表示，按下式计算：

$$c=\frac{m_2-m_1}{V}\times 10^6$$

式中：m_1—— 坩埚的质量，g；

m_2—— 坩埚与悬浮固体的总质量，g；

V—— 试料体积，mL。

所得结果表示至整数。

第三节　化学需氧量（COD）的测定

一、实验目的

（1）学会硫酸亚铁铵标准溶液的标定方法。

（2）掌握水中 COD 的测定原理和方法。

二、实验原理

1. 方法原理

大多数有机物都能被一种沸腾的铬酸和硫酸混合物破坏，用已知量的重铬酸钾和硫酸同试样一起回流，然后用硫酸亚铁铵滴定过量的重铬酸盐，按氧当量测出的可氧化有机物的数量和消耗的重铬酸钾成正比。

可用化学需氧量测定法测量相当于样品中易被强化学氧化剂氧化的有机物的需氧量。对于河流和工业废水的研究和废水处理厂的控制，COD 是能快速测出的一种重要参数。如水中没有催化剂，用这个方法不能测出在生物学上供给河道微生物的某些有机化合物（如醋酸），但能测出纤维素一类的某些生化物。如水样是含有毒物的废水，这个试验或总有机碳的测定可能是测定有机性负荷的唯一方法。如废水只含容易取得的有机细菌性食物而不含毒物，可用这个结果约略计算最后的含碳的 BOD 值。

因为仅包括有机物的一部分，所以每次所用的方法要完全相同，有机物的比例决定于所用氧化剂、有机化合物的结构和操作方法。

所以选择重铬酸盐回流法测定 COD，是因为这个方法有以下优点：比其他氧化剂氧化性强，适用于各式各样的水样，且易于操作。在已取得许多数值且用其重要参数校正过后，这个试验在工厂的废水处理过程中有很大用处。

2．干扰和不足处

虽然这个方法的氧化作用比高锰酸盐法更彻底些，但直链的脂肪族化合物、芳香族碳氢化合物和吡啶不能完全被氧化。如用硫酸银作催化剂，直链化合物就容易氧化了，但硫酸银和氯化物、溴化物或碘化物反应而产生仅能部分被氧化的沉淀。使用催化剂对芳香族碳氢化合物的氧化作用不大，但对直链醇和酸类的氧化有用。

要克服试样中因氯化物的存在而导致的氧化作用和其他困难，可以使其反应生成一种可溶性氯化汞络合物，这样就能极大地减少继续反应的能力。

3．适用性

使用浓的重铬酸盐时，可用这个方法测定 50 mg/L 以上的 COD 值。如用稀的重铬酸盐，COD 小于 100 mg/L 时就不太准确，但可用它来指出一个大小的次序。

4．取样和保存

如试样是不稳定的，就要在取样后及时进行分析。如试样含有易沉淀的固体物，就要充分混匀，以保证试样的代表性。如不能及时进行分析，就要用硫酸酸化来防腐。如废水中含有较多的 COD，就要在量瓶内进行初步稀释，以减少测量小体积试样时造成的误差。

三、实验仪器与试剂

（一）实验仪器

回流设备包括具有 24/40 磨口的 250 mL 锥形玻璃瓶、300 mm 直型套管冷凝器（接口是 24/40 磨口玻璃的）和一个高功率的电热板（1 cm^2 受热面积至少要有 1.4 W 的功率，或有能保证回流瓶内液体适当沸腾的热源）。

（二）实验试剂

（1）重铬酸钾标准液 0.250 0 mol/L $(\frac{1}{6}K_2Cr_2O_7)$。溶解 12.257 9 g 预先在 103℃烘干 2 h 的原标准级的 $K_2Cr_2O_7$ 于蒸馏水中，并稀释至 1 000 mL。

每毫克亚硝酸氮关系到 1.14 mg COD。为了克服亚硝酸氮的显著干扰，要往重铬酸钾溶液中加入氨基磺酸，用量是往回流瓶内每 1 mg 亚硝酸氮加 10 mg 氨基磺酸。这样，如水样是 20 mL，每升重铬酸盐溶液含有 120 mg 氨基磺酸，就能消除试样中不超过 6 mg/L 亚硝酸氮的干扰。因此，如少取水样而稀释到 20 mL，即使亚硝酸氮的浓度更高，也不会干扰。为了便利起见，最好把氨基磺酸加到重铬酸盐标准液内，因为它必须包括在蒸馏水空白内。

（2）硫酸试剂。用一个 4 L 的瓶子，加入浓硫酸，并用它溶解 22 g 无水硫酸银（Ag_2SO_4）（要一两天时间才能溶解）。

（3）硫酸亚铁铵标准滴定液 0.10 mol/L$[\frac{1}{2}Fe(NH_4)_2(SO_4)_2 \cdot 6H_2O]$。溶解 39 g 分析纯的 $Fe(NH_4)_2(SO_4)_2 \cdot 6H_2O$ 结晶于蒸馏水中，加入 20 mL 浓硫酸，冷却后稀释到 1 000 mL。这个溶液必须每天用重铬酸钾标准液标定一次。

标定即量取 10.0 mL 重铬酸钾标准液，稀释到大约 100 mL。加入 30 mL 浓 H_2SO_4，冷却后用硫酸亚铁滴定（和 2～3 滴试亚铁灵指示剂）。

$$c/(\text{mol/L}) = \frac{V_{K_2Cr_2O_7} \times 0.25}{V_{Fe(NH_4)_2(SO_4)_2}}$$

注：$V_{K_2Cr_2O_7}$ 及 $V_{Fe(NH_4)_2(SO_4)_2}$ 单位均采用 mL。

（4）试亚铁灵指示剂溶液。溶解 1.485 g 试亚铁灵于蒸馏水中，同时加入 695 mg $FeSO_4 \cdot 7H_2O$，稀释到 100 mL。

（5）硫酸银粉末试剂。

（6）硫酸汞（分析纯结晶）。

（7）氨基磺酸（分析纯）。

只有要去除亚硝酸盐的干扰时，才需要氨基磺酸试剂。

四、实验步骤

（1）量取 0.4 g $HgSO_4$，放在一个回流瓶内。加入 20.0 mL 试样（或少取样，用蒸馏水稀释到 20 mL）及 10.0 mL 重铬酸钾标准液，加入几个曾在 600℃加热 1 h 的玻璃珠或沸石粒。把蒸馏瓶和冷凝器的上口慢慢加入（边加边摇以使彻底混合）30 mL 含有 Ag_2SO_4 的浓 H_2SO_4。在加热前，必须把回流混合物彻底摇匀，否则瓶底会因局部受热而使混合物从冷凝器喷出。

用 0.4 g $HgSO_4$ 能络合 40 mg 氯化物离子，如所用的试样是 20 mL，就能络合 2 000 mg/L。如试样中所含的氯化物超过这个数量，应多加 $HgSO_4$ 以维持 $HgSO_4$ 和氯化物离子的比例为 10∶1。如产生少量沉淀，对测定没有不利影响。

（2）回流加热 2 h（如特殊废水不需要加热 2 h 就能得出最大的 COD，就可缩短时间），冷却后，用蒸馏水冲洗冷凝器。

（3）用蒸馏水把混合物稀释到大约 150 mL，冷却至室温后用标准硫酸亚铁铵滴定过量的重铬酸盐，用 2～3 滴试亚铁灵作指示剂。虽然试亚铁灵的用量不太严格，但每一个试样的用量必须一致，甚至不同时间分析时，用量也必须一致。滴定的终点要掌握在从蓝绿色骤然变为红棕色。即使这样，在几分钟内蓝绿色仍可能重现。

（4）量取 20 mL 蒸馏水，加入各种试剂作为空白，用同样方法回流。

五、其他体积的试样应采取的方法

在特殊情况下，量取 10～50 mL 的试样，试剂的体积、质量和摩尔浓度也要相应调整。试剂的用量比例见表 3-2。

表 3-2 试剂的用量比例

试样体积/mL	0.25 mol/L 重铬酸钾标准液/mL	含有 Ag_2SO_4 的浓硫酸/mL	$HgSO_4$/g	$Fe(NH_4)_2(SO_4)_2$/（$mol\cdot L^{-1}$）	滴定前最后体积/mL
10.0	5.0	15	0.2	0.05	70
20.0	10.0	30	0.4	0.10	140
30.0	15.0	45	0.6	0.15	210
40.0	20.0	60	0.8	0.20	280
50.0	25.0	75	1.0	0.25	350

如所取的试样较多，就要用 500 mL 回流瓶，以便在该瓶内进行滴定。

六、较淡水样应采取的方法

完全按照操作方法进行操作，但要特别细心操作，因为玻璃容器或空气中的痕量有机物可能造成很大误差。如需要进一步提高灵敏度，就要把试样放在回流瓶内，并加入所有试剂，然后在加热板上煮沸，使大量的水样浓缩到 20 mL（最后总体积 60 mL）。用同样方法做一个空白板。这个方法的优点是浓缩水样时易消化的挥发物不会显著损失。像挥发酸等一类的难消化的挥发物虽受到损失，但比普通蒸发浓缩法还是改进了。此外，因为试样体积增加了，相应地降低了氯化物（用 0.4 g $HgSO_4$ 络合的）浓度。

七、标准液的测定

用葡萄糖或酸性酞酸钾的标准液检查试剂的质量和操作技术，由于每克葡萄糖的理论 COD 是 1.067 g，所以溶解 468.6 mg 葡萄糖于蒸馏水中，并稀释至 1 000 mL，就能配成 500 mg/L 的 COD 溶液。因为每克酸性酞酸钾的理论 COD 是 1.76 g，所以溶解 425.1 mg 酸性酞酸钾于蒸馏水中，并稀释至 1 000 mL，亦成为一个 500 mg/L 的 COD 溶液（用酸性酞酸钾可回收 98%～100%的理论需氧量。这种溶剂比葡萄糖优越的是，能用化学法标定它，酞酸盐也比较稳定，有较长的保存时间，而葡萄糖可能很快被生物分解）。

八、实验结果整理

$$\mathrm{COD}(\mathrm{O_2})=\frac{(a-b)c\times 8\,000}{\text{水样毫升数}}$$

式中：COD —— 重铬酸钾法的化学需氧量，mg/L；

a —— 空白用的 $Fe(NH_4)_2(SO_4)_2$ 的量，mL；

b —— 水样用的 $Fe(NH_4)_2(SO_4)_2$ 的量，mL；

c —— $Fe(NH_4)_2(SO_4)_2$ 的浓度，mol/L。

九、准确度和精密度

有 74 个实验室曾试验过一套含有酸性酞酸钾和氯化钠的合成未知试样。水中不含氯化物而含有 200 mg/L COD 时，标准偏差是±13 mg/L（变化系数是 6.5%）。水中含有 160 mg/L COD 和 100 mg/L 氯化物时，标准偏差是±14 mg/L（变化系数是 10.8%）。

有人测定过这个方法的准确度。对多数有机化合物来说，氧化程度能达到理论值的 95%～100%。但苯、甲苯和吡啶不能氧化。

第四节　五日生化需氧量（BOD_5）的测定

在规定条件下，微生物分解水中的有机物所进行的生物化学反应过程中所消耗的溶解氧的量称为生物化学需氧量 BOD，是水中有机物污染的综合指标之一。

一、实验目的

（1）熟悉稀释的配制方法。

（2）掌握水中 BOD_5 的测定原理和方法。

二、实验原理

排放大量污水或生产废水于河、湖中，会强烈消耗河、湖水中原有的溶解氧，因此当排放污水时必须估计到放出多少量才不致影响该河、湖水中氧的平衡。要解决这个问题，需借助于生物化学需氧量（简称生化需氧量）BOD 的测定。

水中有机物质在有氧条件下，被微生物分解，在此过程中所消耗的氧的量称为生化需氧量。此生化过程进行得很慢，如在 20℃培养时，完全完成这个过程需 100 多天，因此除长期研究工作外，没有实际应用价值，一般的标准是 20℃培养 5 d。

测定样品培养前的溶解氧和在 20℃培养 5 d 后的溶解氧，二者之差即为生化过程所消耗的氧。水中有机物质越多，消耗氧也就越多，但水中溶解氧有限，因此需用含有一定养分和饱和溶解氧的水（称“稀释水”）稀释，使培养后减少的溶解氧占培养的溶解氧的 40%～70%为宜。

如果水样含有苛性碱或酸，应当用稀碳酸钠溶液进行中和（用溴百里酚蓝作指示剂，调节 pH 至 7.0 左右）。

如果工业废水或生活污水内存在有毒物质，使微生物不能生长，“稀释水”内应该加入适量经沉淀除去悬浮物的生活污水或河水（含有微生物体），使该“稀释水”经 20℃培养 5 d 后的溶解氧减少的量在 0.5 mg/L 以下，用此水接种。

如果要测定经氯消毒的污水时，应当用硫代硫酸钠（约 0.005 mol/L）脱除余氯，再行调节 pH、稀释及培养。

如在冬季，或因水内有藻类生长，取来的污水可能含过饱和的溶解氧。此时应将污水装在瓶内，设法保温至 20℃，并用力振荡，把过饱和的溶解氧赶掉；或用适量煮沸放冷的不含溶解氧或含溶解氧很少的蒸馏水配成的“稀释水”将污水冲淡，再行培养。

三、实验仪器与试剂

（一）实验仪器

除测定溶解氧所需的仪器外，还需下列物品。

（1）自动调节（20℃±1℃）的培养箱。

（2）20 L 大玻璃瓶。

（3）2 L 大量筒。

（二）实验试剂

除测定溶解氧所需的试剂之外，还需下列试剂。

（1）氯化钙溶液。称取 27.5 g 化学纯无水氯化钙（$CaCl_2$），溶于蒸馏水中，稀释至 1 000 mL。

（2）三氯化铁溶液。称取 0.25 g 化学纯三氯化铁（$FeCl_3 \cdot 6H_2O$），溶于蒸馏水中，稀释至 1 000 mL。

（3）硫酸镁溶液。称取 22.5 g 化学纯硫酸镁（$MgSO_4 \cdot 7H_2O$），溶于蒸馏水中，稀释至 1 000 mL。

（4）磷酸盐缓冲溶液。称取 8.5 g 化学纯磷二氢钾（KH_2PO_4）、21.75 g 化学纯磷酸氢二钾（K_2HPO_4）、33.4 g 化学纯磷酸氢二钠（$Na_2HPO_4 \cdot 7H_2O$）和 1.7 g 化学纯氯化铵（NH_4Cl），溶于 500 mL 蒸馏水中，稀释至 1 000 mL。此缓冲液的 pH 7.2，不必再进行调节。

（5）“稀释水”。在 20 L 的大玻璃瓶中装入蒸馏水，每升蒸馏水中加入上述四种试剂各 1 mL。按图 3-1 所示装置，装好后通气（也可用吸气管或抽气机等代替水泵）1～2 d，至含溶解氧量在 8 mg/L 以上（最好达到饱和）。盖严，静置 1 d，使溶解氧稳定。

在某些情况下，常用该污水所排入的河水的水样来稀释培养。但须做上述“稀释水”的比较试验。

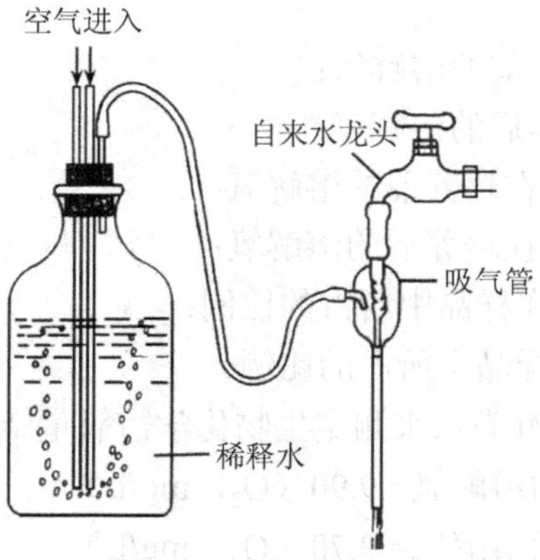

图 3-1　稀释水曝气装置

四、实验步骤

（1）稀释水样。污水稀释的倍数需根据培养后减少溶解氧的量而定，一般需要同时做不同的稀释倍数，选择溶解氧减少 40%～70%的样品作为计算水样生化需氧量的数据。

对于污染严重的水可稀释到 0.1%～1.0%；对于普通和沉淀过的污水可稀释成 1%～5%；受过污染的河水应稀释成 25%～100%。

最好用连续稀释法配制样品，先从污水浓度最高的样品配起。取计算出来所需水样的量于 2 L 刻度量筒中，用虹吸管引入“稀释水”至 2 L 刻度，用一特制搅拌板（一根粗玻璃棒，底端套上一块比量筒口径略小的、约 1 mm 厚的橡皮板）小心搅匀。用虹吸管将此溶液引入两个编号的溶解氧瓶中至完全充满后，盖严，用水封口。此为第一个样品。整个操作过程应避免产生气泡。

取上面余下来的溶液，经计算后，加入一定量的“稀释水”，按上法搅匀，收集于另外两个编号的溶解氧瓶中，盖严，用水封口。此为第一个样品，余者类推。

（2）另取两个编号的溶解氧瓶完全装入“稀释水”，盖严，用水封口，作为空白。

（3）检查各瓶的编号，每种各取一瓶测定溶解氧。余者放入 20℃±1℃的培养箱中，关好培养箱的门，防止因外界空气大量进入而影响内部恒温，并每天检查两次培养箱的温度及添加封口水。

（4）从开始培养的时间起，经过 5 个整昼夜后，取出测定溶解氧的余留量。

五、实验结果整理

$$生化需氧量(O_2，mg/L) = \frac{(D_1 - D_2) - (B_1 - B_2) \times f_1}{f_2}$$

式中：D_1 —— 样品在培养前的溶解氧；

D_2 —— 样品在培养后的溶解氧；

B_1 —— “稀释水”在培养前的溶解氧；

B_2 —— “稀释水”在培养后的溶解氧；

f_1 —— “稀释水”在样品中所占的比例；

f_2 —— “污水”在样品中所占的比例。

例：取某化粪池的新鲜粪水来测定生物化学需氧量结果如下：

“稀释水”在培养前的溶解氧= 9.90（O_2，mg/L）

“稀释水”在培养后的溶解氧= 9.70（O_2，mg/L）

样品在培养前的溶解氧= 9.71（O_2，mg/L）

样品在培养后的溶解氧= 4.50（O_2，mg/L）

样品的稀释度为 3%，即 3 份粪水，97 份“稀释水”。所以 f_1= 0.97，f_2 = 0.03。将以上数值代入公式，计算结果为

$$生化需氧量（O_2，mg/L）= \frac{(9.71 - 4.5) - (9.90 - 9.70) \times 0.97}{0.03}$$

$$=167（O_2，mg/L）$$

第五节　溶解氧的测定

溶于水中的氧称为溶解氧，用 DO 表示，单位为 mg O_2/L。溶解氧 DO 是水质综合指标之一。

一、实验目的

（1）学会水中 DO 的测定方法。

（2）掌握碘量法测定水中 DO 的原理与方法。

二、实验原理

在碱性溶液中 $Mn(OH)_2$ 和溶解氧结合为 $MnO(OH)_2$，又与过量的 $Mn(OH)_2$ 结合为 $MnMnO_3$，在酸性溶液中将 KI 氧化释放出 I_2，以硫代硫酸钠滴定。其化学反应为:

$$4MnSO_4+8NaOH \longrightarrow \underset{\text{肉色沉淀}}{4Mn(OH)_2\downarrow} +4Na_2SO_4$$

$$2Mn(OH)_2+O_2 \longrightarrow \underset{\text{棕黄色或棕色沉淀}}{2MnO(OH)_2\downarrow}$$

$$2MnO(OH)_2+2Mn(OH)_2 \longrightarrow 2MnMnO_3+4H_2O$$

$$2MnMnO_3+6H_2SO_4+4KI \longrightarrow 4MnSO_4+2I_2+6H_2O+2K_2SO_4$$

$$I_2+2Na_2S_2O_3 \longrightarrow 2NaI+Na_2S_4O_6$$

若水中含有 Fe^{2+}、NO_2^-、S^{2-}、SO_3^{2-}和有机物等，均能引起误差。此不适用于含有 NO_3^- 0.1 mg/L 和 Fe^{2+} 1 mg/L 以下的清洁地面水或地下水。若超过此限度，或含有大量其他还原性物质，可用其他方法。

三、实验仪器与试剂

（一）实验仪器

（1）溶解氧瓶。

（2）250 mL 的碘量瓶。

（3）25 mL 的滴定管。

（二）实验试剂

（1）浓硫酸。化学纯，密度为 1.84 kg/m³。

（2）硫酸锰溶液。称取 480 g $MnSO_4 \cdot 4H_2O$，或 400 g $MnSO_4 \cdot 2H_2O$，或 400 g $MnCl_2 \cdot 2H_2O$，溶于蒸馏水中，过滤后稀释至 1 000 mL。

（3）碱性碘化钾溶液。称取 500 g 分析纯氢氧化钠，溶于 300～400 mL 蒸馏水中。称取 150 g 分析纯碘化钾（或 135 g 碘化钠）溶于 200 mL 蒸馏水中。将以上两种溶液合并，加蒸馏水稀释至 1 000 mL。静置 24 h 使碳酸钠下沉，倾出上层澄清液备用。

（4）0.100 0 mol/L 硫代硫酸钠（$\frac{1}{2}NaS_2O_3 \cdot 5H_2O$）标准溶液。称取约 25 g 分析纯硫代硫酸钠（$Na_2S_2O_3 \cdot 5H_2O$），溶于煮沸放冷的蒸馏水中，稀释至 1 000 mL。加入 0.4 g 氢氧化钠，或 0.2 g 无水碳酸钠，或数粒碘化汞，贮存于棕色瓶内以防止分解。此溶液可保存数日。硫代硫酸钠溶液的标定，可采用下列方法。

① 碘酸钾（或碘钠）标定法。称取 0.150 0 g 干燥的、分析纯碘酸钾（KIO_3）于 250 mL 三角瓶内，加入 100 mL 蒸馏水，加热使碘酸钾溶解；加入约 3 g 碘化钾及 10 mL 冰醋酸，静置 5 min。自滴定管加 0.100 0 mol/L 硫代硫酸钠溶液，不停振荡三角瓶，直至颜色变为淡黄色，加入 1 mL 淀粉的溶液，继续自滴定管加 0.100 0 mol/L 硫代硫酸钠溶液至刚变成无色为止，记录共用去的硫代硫酸钠的量（如滴定完毕后，放置一段时间，三角瓶中溶液因接触空气氧化又生成蓝色，可不必再作滴定）。其反应式为：

$$KIO_3+5KI+6CH_3COOH \longrightarrow 6CH_3COOK+3H_2O+3I_2$$
$$3I_2+6Na_2S_2O_3 \longrightarrow 6NaI+3Na_2S_4O_6$$

硫代硫酸钠的浓度（mol/L）：

$$c=\frac{m}{\frac{214.01}{1\,000}\times V}=\frac{m}{0.214\,01\times V}$$

式中：m —— 碘酸钾重量，g；

V —— 硫代硫酸钠体积，mL。

② 重碘酸钾标准溶液标定法。a．0.100 0 mol/L 重碘酸钾（$\frac{1}{5}KIO_3 \cdot H_2O$）标准溶液　称取 3.250 0 g 干燥的分析纯重碘酸钾（$KIO_3 \cdot HIO_3$），溶于蒸馏水中，稀释至 1 000 mL，溶液应相当于 0.100 0 mol/L 硫代硫酸钠标准溶液；b．标定方法与碘酸钾标定法相同，以 0.100 0 mol/L 重碘酸钾标准溶液代替碘酸钾即可。其反应式为：

$$2KIO_3 \cdot HIO_3+20KI+11H_2SO_4 \longrightarrow 11K_2SO_4+12H_2O+12I_2$$
$$12I_2+24Na_2S_2O_3 \longrightarrow 24NaI+12Na_2S_4O_6$$

③ 碘酸钾标准溶液标定法。称取 3.566 8 g 干燥的分析纯碘酸钾，溶于蒸馏水中，稀释至 1 000 mL。标定方法与重碘酸钾标准溶液的标定法相同。

（5）0.025 0 mol/L 硫代硫酸钠标准溶液。用吸管取出上述经过标定的 0.100 0 mol/L 硫代硫酸钠标准溶液，根据 $cV=c'V'$ 这一公式配成 1 L 0.025 0 mol/L 硫代硫酸钠标准溶液，并加入 0.2 g 无水碳酸钠或数粒碘化汞，以防止其分解，储于棕色瓶内。此溶液在夏日存放最好不超过 10 d。使用前应按以下方法标定（或碘酸钾法），并作必要的校正。

① 0.025 0 mol/L 重铬酸钾（$\frac{1}{6}KCr_2O_7$）标准溶液。取分析纯重铬酸钾 10 g 用蒸馏水重结晶 3 次，然后放在 180℃烘箱内干燥至恒重。取出，置于干燥箱内冷却。称取 1.225 7 g 重铬酸钾，溶于蒸馏水中，倾入 1 L 量瓶，稀释至刻度。

② 用 0.025 0 mol/L 重铬酸钾标准溶液标定硫代硫酸钠摩尔浓度。在 250 mL 三角瓶内，加入 1 g 左右碘化钾及 50 mL 蒸馏水，自滴定管加入 15.00 mL 0.025 0 mol/L 重铬酸钾标准溶液及 5 mL 3 mol/L 硫酸，此时的反应式为：

$$K_2Cr_2O_7+6KI+7H_2SO_4 \longrightarrow 4K_2SO_4+Cr_2(SO_4)_3+7H_2O+3I_2$$

静置 5 min 后，自滴定管加入硫代硫酸钠溶液，至变成淡黄色时加入 1 mL 淀粉溶液，继续滴定至蓝色刚褪去为止；记录用量。重复再滴定一次（注意：终点到达应带淡绿色，因为含有三价铬离子）。求出硫代硫酸钠溶液的准确度，并校正成 0.025 0 mol/L。

（6）冰醋酸。

（7）碘化钾。

（8）淀粉溶液　称取 2 g 可溶性淀粉，溶于少量蒸馏水内，用玻璃棒调成糊状，再加煮沸蒸馏水至 200 mL，冷却后加入 0.25 g 水杨酸或 0.8 g 氯化锌（$ZnCl_2$）以防止分解。如果此溶液与碘生成紫蓝色，表示淀粉已经有部分变质，就应当重新配制。

四、实验步骤

（1）水样采集。假使要非常精确地计算“溶解氧”，可以先算出水样瓶的体积。首先在 15～20℃时将空瓶称重，再以蒸馏水充满，塞紧密合的瓶塞，使瓶塞下面不留空隙。然后用毛巾擦干再称重。称重要至±0.1 g。两次称重之差除以水在该温度下的密度，求出瓶的体积。

（2）取下瓶塞，用吸管插入瓶内液面以下并加入 1 mL 硫酸锰溶液。

（3）再按同样的方法加入 1 mL 碱性碘化钾溶液。

（4）盖紧瓶塞，把水样颠倒混合 3 次左右。

（5）待沉淀下降至半途，再混合 1 次，静置数分钟，沉淀重新下降至半途。

（6）用吸管沿瓶口加入 1 mL 浓硫酸，盖紧瓶塞，颠倒混合，静置 5 min。

（7）如果不需要非常精确地校正加入试剂前水样原来的体积，则滴定时即用吸管取出 200 mL 处理过的水样放入 250 mL 带玻璃塞的三角瓶内，自滴定管加入 0.025 0 mol/L 硫代硫酸钠标准溶液，至退成淡黄色时，再加入 1 mL 淀粉溶液，继续滴定至蓝色退去为止；记录用量（V）。

五、实验结果整理

（1）如不需要非常精确地校正加入试剂前水样原来的体积，则计算公式为：

$$溶解氧/(mg/L)=\frac{V\times 0.0250\times 8\times 1000}{200}$$

（2）如需要非常精确地校正加入试剂后水样原来的体积，则计算公式为

$$溶解氧/(mg/L)=\frac{V\times 0.0250\times 8\times 1000}{样瓶体积(mL)-2}$$

$$=\frac{200V}{样瓶体积(mL)-2}$$

式中，只有 1 mL 硫酸锰及 1 mL 碱性碘化钾要校正体积，所以减去 2。因为在浓硫酸加入前溶解氧已经被固定了，故校正体积时不必计算。

第六节　臭氧浓度的测定

一、实验目的

掌握臭氧浓度测定的原理与方法。

二、实验原理

臭氧与碘化钾发生氧化还原反应而析出与水样中所含 O_3 等量的碘。臭氧浓度越高析出的碘越多，溶液颜色也就越深，化学反应式如下

$$O_3+2KI+H_2O=I_2+2KOH+O_2\uparrow$$

以淀粉作指示剂，用硫代硫酸钠标准溶液滴定。

待完全反应，生成物为无色碘化钠，可根据硫代硫酸钠耗量计算出臭氧浓度。

三、实验设备与试剂

500 mL 气体吸收瓶 2 只；25 mL 量筒 1 个；湿式煤气表 1 只；气体转子流量计；碘化钾溶液，浓度 20%，1 000 mL；3 mol/L 硫酸溶液 1 000 mL；0.05 mol/L 硫代硫酸钠标准溶液 1 000 mL；淀粉溶液，浓度 1% 100 mL。

四、实验步骤

（1）用量筒将碘化钾溶液（浓度 20%）200 mL 加入气体吸收瓶中。

（2）然后往气体吸收瓶中加 250 mL 蒸馏水，摇匀。

（3）打开进气阀门，往瓶内通入臭氧化空气 2 L，用湿式煤气表计量（注意控制进气口，转子流量计读数为 500 mL/min），平行取 2 个水样，并加入 5 mL 的 3 mol/L 硫酸溶液摇匀后静止 5 min。

（4）用 0.05 mol/L 硫代硫酸钠溶液滴定。待溶液呈淡黄色时，滴入浓度为 1% 的淀粉溶液数滴，溶液呈蓝褐色。

（5）继续用 0.05 mol/L 硫代硫酸钠溶液滴定至无色，记录其用量。

五、实验结果整理

计算臭氧浓度 c_1（mg/L）：

$$c_1 = \frac{24c_2V_2}{V_1}$$

式中：c_2 —— 硫代硫酸钠溶液的质量浓度；
V_2 —— 硫代硫酸钠溶液的滴定用量（体积），mL；
V_1 —— 臭氧取样体积，2 L。

第七节 活性污泥吸附性能的测定

在活性污泥法污水净化功能中，起主导作用的是活性污泥，活性污泥性能的优劣，对活性污泥系统的净化功能有决定性的作用。活性污泥是由大量微生物凝聚而成，具有很大的表面积，性能优良的活性污泥应具有很强的吸附性能和氧化分解有机污染物的能力，并具有良好的沉淀性能。因此，活性污泥的活性即吸附性能、生物降解能力与污泥凝聚沉淀性能。

由于污泥凝聚沉淀性能可由污泥容积指数 SVI 值和污泥成层沉降的沉速反应，现有条件下，只考虑活性污泥的吸附性能的测定。

进行污泥吸附性能的测定，不仅可以判断污泥再生效果，不同运行条件、方式、水质等状况下污泥性能的好坏，还可以选择污水处理运行方式，确定吸附、再生段适宜比值，在科研及生产运行中具有重要的意义。

一、实验目的

（1）加深理解污水生物处理及吸附再生式曝气池的特点，吸附段与污泥再生段的作用。

（2）掌握活性污泥吸附性能测定方法。

二、实验原理

任何物质都有一定的吸附性能，活性污泥由于单位体积表面积很大，特别是再生良好的活性污泥具有很强的吸附性能，故此污水与活性污泥接触初期由于吸附作用，而使污水中底物得以大量去除，即所谓初期去除；随着外酶作用，某些被吸附物质经水解后，又进入水中，使污水中底物浓度又有所上升，随后由于微生物对底物的降解作用，污水中底物浓度随时间而逐渐缓慢的降低，整个过程如图 3-2 所示。

三、实验设备及装置

（1）有机玻璃搅拌罐两个，如图 3-3 所示。

（2）100 mL 量筒及烧杯、三角瓶、秒表、玻璃棒、漏斗等。

（3）离心机、水分快速测定仪。

（4）COD 回流装置或 BOD_5 测定装置。

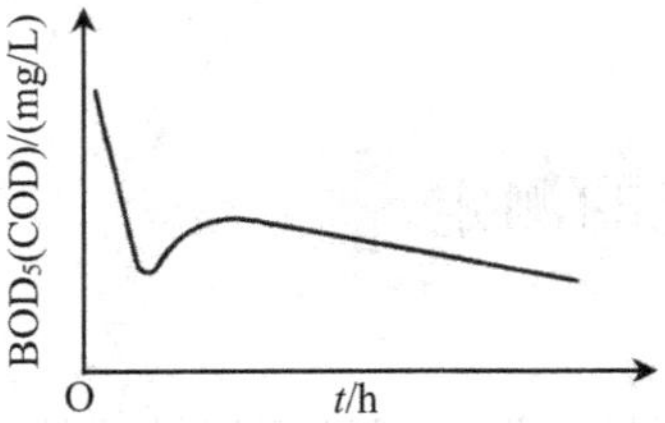

图 3-2 活性污泥吸附曲线

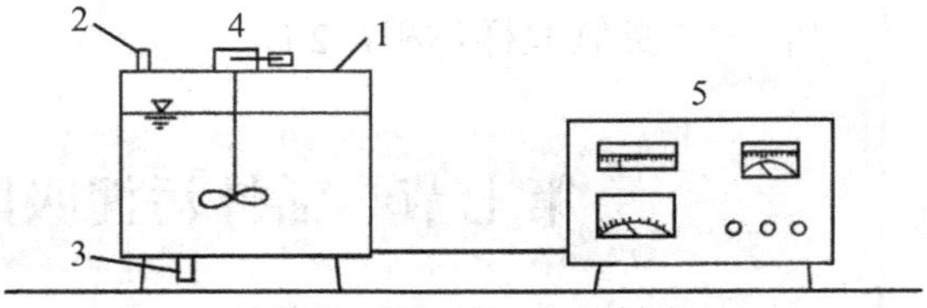

1—有机玻璃搅拌罐；2—进样孔；
3—取样放空孔；4—搅拌器；5—控制仪表

图 3-3 吸附性能测定装置

四、实验步骤

（1）制取活性污泥。

① 取运行曝气池再生段末端及回流污泥，或普通空气曝气池与氧气曝气池回流污泥，经离心机脱水，倾去上清液。

② 称取一定重量的污泥（配制罐内混合液浓度 MLSS≈2～3 g/L），在烧杯中用待测水搅匀，分别放入搅拌罐内编号，注意两罐内之浓度应保持一致。

（2）取待测定之水。注入搅拌罐内，容积在 7～8 L，同时取原水样测定 COD 或 BOD_5 值。

（3）打开搅拌开关，同时记录时间，在 0.5 min、1.0 min、2.0 min、3.0 min、

5.0 min、10 min、40 min、70 min，分别取出 200 mL 左右混合液，并取出一个 100 mL 混合液。

（4）将上述所取水样静沉 30 min 或过滤，取其上清液或滤液，测定其 COD 或 BOD_5 值，用 100 mL 混合液测其污泥浓度。

五、注意事项

（1）因是平行对比实验，故应尽量保证两搅拌罐内污泥浓度的一致和水样的均匀一致性。

（2）注意仪器设备的使用，实验中保持两搅拌罐运行条件，尤其是搅拌强度的一致性。

（3）由于实验取样间隔时间短，样又多，准备工作要充分，不要弄乱。

六、实验结果整理

以吸附时间为横坐标，以水样 BOD_5 或 COD 值为纵坐标绘图。

第八节　活性污泥中微生物个体观察

一、实验目的

（1）观察细菌、放线菌和蓝细菌的个体形态，学会生物图的绘制。

（2）观察几种真核微生物的个体形态，掌握生物图的绘制方法。

（3）学习用压滴法制作标本片。

二、实验仪器和材料

（1）显微镜、擦镜纸、吸水纸、香柏油或液体石蜡、二甲苯。

（2）示范片：大肠杆菌（杆状）、小球菌（球形）、硫酸盐还原菌（弧形）、浮游球衣菌（丝状）、枯草芽孢杆菌、细菌鞭毛及细菌荚膜；放线菌、颤藻、鱼腥藻或念珠藻。

（3）酵母菌、霉菌示范片，藻类培养液及活性污泥混合液（内有原生动物和微型后生动物）。

三、实验内容和操作方法

（1）严格按光学显微镜的操作方法，依低倍镜、高倍镜及油镜的次序逐个观察杆状、球状、弧状及丝状的细菌示范片，用铅笔分别绘出各种细菌的形态图。

（2）同法逐个观察放线菌的示范片，绘出其形态图。

（3）同法逐个观察颤藻、鱼腥藻或念珠藻，绘出其形态图。

（4）同法逐个观察酵母菌和霉菌的示范片，绘出其形态图。

（5）用压滴法制作藻类、原生动物和微型后生动物的标本片。制作方法如图3-4所示。

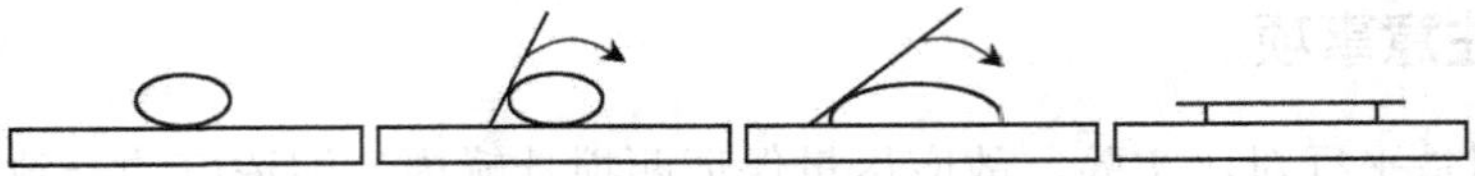

图 3-4　用压滴法制作标本的过程

取一片干净的载玻片放在实验台上，用一支滴管吸取试管中藻类培养液于载玻片的中央，用干净的盖玻片覆盖到液滴上（注意不要有气泡）即成标本片。用低倍镜和高倍镜观察。

（6）用压滴法观察活性污泥中的原生动物和微型后生动物，制作方法与（5）同。

附：光学显微镜的使用

（一）目的

掌握光学显微镜的结构、原理，学习显微镜的操作方法。

（二）显微镜的结构、光学原理

显微镜分为机械装置（图3-5）和光学系统两部分。

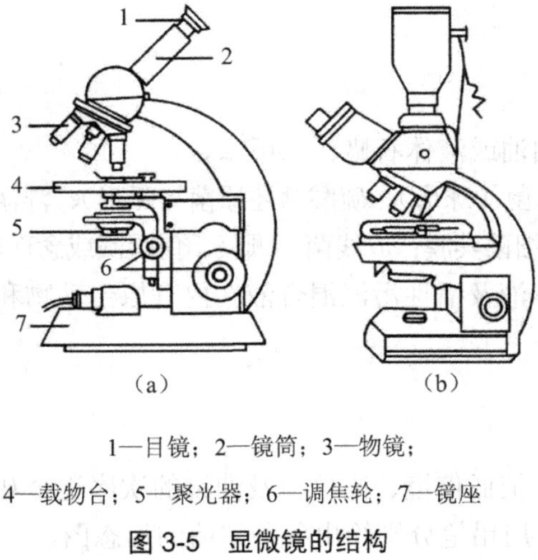

1—目镜；2—镜筒；3—物镜；

4—载物台；5—聚光器；6—调焦轮；7—镜座

图 3-5　显微镜的结构

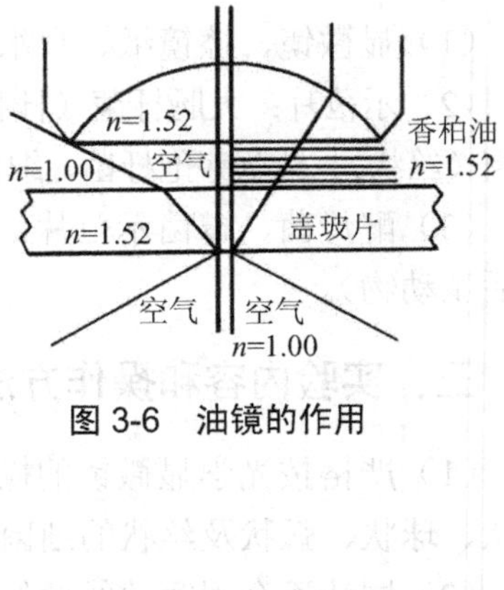

图 3-6　油镜的作用

1. 机械装置

（1）镜筒。镜筒上端装目镜，下端接转换器。镜筒有单筒和双筒两种。单筒有直立式（长度为 160 mm）和后倾斜式（倾斜 45°）之分。双筒全是倾斜式的，其中一个筒有屈光度调节装置，以备两眼视力不同者调节使用；两筒之间可调距离，以适应两眼宽度不同者调节使用。

（2）转换器。转换器装在镜筒的下方，其上有 3 个孔，有的有 4 个或 5 个孔。不同规格的物镜分别安装在各孔上。

（3）载物台。载物台为方形（多数）和圆形的平台，中央有一光孔，孔的两侧各装 1 个夹片，载物台上还有移动器（其上有刻度标尺），可纵向和横向移动，移动器的作用是夹住和移动标本。

（4）镜臂。镜臂支撑镜筒、载物台、聚光器和调节器。镜臂有固定式和活动式（可改变倾斜度）两种。

（5）镜座。镜座为马蹄形，支撑整台显微镜，其上有反光镜。

（6）调节器。调节器包括大、小螺旋调节器（调焦距）各一个。可调节物镜和所需观察的物体之间的距离。调节器有装在镜臂上方和下方两种，装在镜臂上方的是通过升降镜臂来调焦距，装在镜臂下方的是通过升降载物台来调焦距，新式显微镜多半装在镜臂的下方。

2. 光学系统及其光学原理

（1）目镜。每台显微镜有 3 个不同规格的目镜，例如：5 倍（5×）、10 倍（10×）和 15 倍（15×），高级显微镜除了上述三种外，还有 20 倍（20×）的。

（2）物镜。物镜装在转换器的孔上，物镜有低倍镜（8×、10×、20×）、高倍镜（40×或 45×）及油镜（100×）。物镜的性能由数值孔径（Numerical Aperture，N.A.）决定，数值孔径= $n \cdot \sin\frac{\alpha}{2}$，其意为玻片和物镜之间的折射率乘上光线投射到物镜上的最大夹角的一半的正弦。光线投射到物镜的角度越大，显微镜的效能越大，该角度的大小决定于物镜的直径和焦距。n 是影响数值孔径的因素，空气折射率 n=1，水的折射率 n=1.33，$\sin\frac{\alpha}{2}$ 为 sin60°=0.87。从图 3-6 可知：

以空气为介质时，数值孔径（N.A.）=1×0.87=0.87；

以水为介质时，N.A. =1.33×0.87=1.16；

以香柏油为介质时，N.A. =1.52×0.87=1.32。用油镜时显微镜的性能还依赖于物镜的分辨率，分辨率即能分辨两点之间的最小距离的能力。分辨率用 δ 表示，δ = 0.61×λ/N.A.（λ为波长），分辨率与数值孔径成反比，与波长成正比。增大数值孔径，缩短波长可提高显微镜的分辨率，使目的物的细微结构更清晰可见。事实上可见光的波长（0.38～0.7 μm）是不可能缩短的，只有靠增大数值孔径来提高分辨率。

物镜上标有：（N.A.）1.25、100×、OI、160/0.17、0.16 等字样，其中（N.A.）1.25 为数值孔径，100×为放大倍数，“160/0.17”中 160 表示镜筒长，0.17 表示要求盖玻片的厚度，“OI”表示油镜（oil immersion），0.16 为工作距离。

显微镜的总放大倍数为物镜放大倍数与目镜放大倍数的乘积。

（3）聚光器。聚光器安装在载物台的下面，反光镜反射来的光线通过聚光器被聚集成光锥照射到标本上，可增强照明度，提高物镜的分辨率。聚光器可上、下调节，它中间装有光圈可调节光亮度，在看高倍镜和油镜时需调节聚光器，合理调节聚光器的高度和光圈的大小，可得到适当的光照和清晰的图像。

（4）反光镜。反光镜装在镜座上，有平、凹两面，光源为自然光时用平面镜，光源为灯光时用凹面镜。它可自由转动方向。反光镜可反射光线到聚光器上。

（5）滤光片。自然光由各种波长的光组成，如只需某一波长的光线，可选用合适的滤光片，以提高分辨率，增加反差和清晰度。滤光片有紫、青、蓝、绿、黄、橙、红等颜色。根据标本颜色，在聚光器下加相应的滤光片。

（三）显微镜的操作方法

1. 低倍镜的操作

（1）置显微镜于固定的桌上。窗外不宜有障碍视线之物。

（2）旋动转换器，将低倍镜移到镜筒正下方，和镜筒对直。

（3）转动反光镜向着光源处，同时用眼对准目镜（选用适当放大倍数的目镜）仔细观察，使视野高密度均匀。

（4）将标本片放在载物台上，使观察的目的物置于圆孔的正中央。

（5）将粗调节器向下（或载物台向上）旋转，眼睛注视物镜，以防物镜和载玻片相碰。当物镜的尖端距载玻片约 0.5 cm 处时停止旋转。

（6）左眼向目镜里观察，将粗调节器向上旋转。如果见到目的物，但不十分清楚，可用细调节器调节，至目的物清晰为止。

（7）如果粗调节器旋得太快，超过焦点，必须从第（5）步重调，不应在正视目镜情况下调粗调节器，以防没把握的旋转使物镜与载玻片相碰撞坏。

（8）观察时两眼同时睁开（双眼不感疲劳）。单筒显微镜应习惯用左眼观察，以便于绘图。

2. 高倍镜的操作

（1）使用高倍镜前，先用低倍镜观察，发现目的物后将它移至视野正中处。

（2）旋动转换器换高倍镜，如果高倍镜触及载玻片应立即停止旋动并要用低倍镜重调。如果调对了，换高倍镜时基本可以看到目的物。若有点模糊，用细调节器调就清晰可见。

3. 油镜的操作

（1）如果用高倍镜目的物未能看清，可用油镜。先用低倍镜和高倍镜检查标本片，将目的物移到视野正中。

（2）在载玻片上滴一滴香柏油（或液体石蜡），将油镜移至正中使油镜头浸没在油中，刚好贴近载玻片。用细调节器微微向上调（切记不用粗调节器）即可。如图 3-6 所示。

（3）油镜观察完毕，用擦镜纸将镜头上的油揩净，另用擦镜纸蘸少许二甲苯揩拭镜头，再用擦镜纸揩干。

（四）目测微尺、物测微尺及其使用方法

1．目测微尺

目测微尺是一圆形玻片，其中央刻有 5 mm 长、等分为 50 格（或 100 格）的标尺，每格的长度随使用目镜和物镜的放大倍数及镜筒长度而定。使用前用物测微尺标定，用时放在目镜内。见图 3-7。

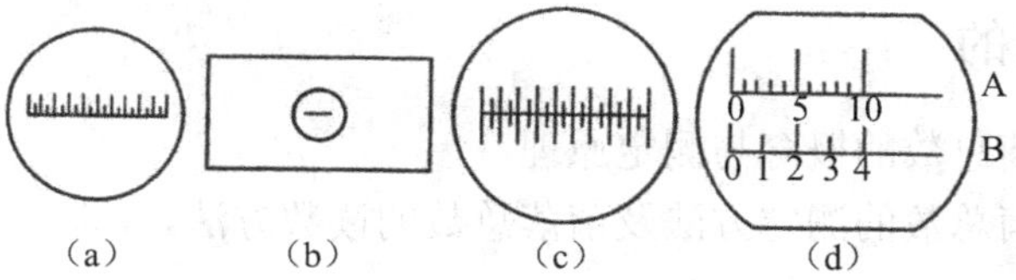

（a）目测微尺；（b）物测微尺；（c）物测微尺的中心部放大；

（d）物测微尺标定目测微尺时两者重叠情景

A—目测微尺；B—物测微尺

图 3-7　目测微尺和物测微尺

2．物测微尺

物测微尺是一厚玻片，中央有一圆形盖玻片，中央刻有 1 mm 长的标，等分为 100 格，每格为 10 μm，用以标定目测微尺在不同放大倍数下每格的实际长度。

3．目测微尺的标定

将目测微尺装入目镜的隔板上，使刻度朝下；把物测微尺放在载物台上使刻度朝上。用低倍镜找到物测微尺的刻度，移动物测微尺和目测微尺使两者的第一条线重合，顺着刻度找出另一条重合线。例如图 3-7（d）中 A（目测微尺）上 5 格对准 B（物测微尺）上的 2 格，B 的 1 格为 10 μm，2 格的长度为 20 μm，所以目测微尺上 1 小格的长度为 4 μm，再分别求出高倍镜和油镜下目测微尺每格的长度。

4．菌体大小的测量

将物测微尺取下，换上标本片，选择适当的物镜测量目的物的大小，分别找出菌体的长和宽占目测微尺的格数，再按目测微尺 1 格的长度算出菌体的长度和宽度。

第九节　细菌总数的测定

细菌总数（细菌菌落总数，CFU）是指 1 mL 水样在营养琼脂培养基中，于 37℃培养 24 h 后所生长的腐生性细菌菌落总数。它是有机物污染程度的指标，也是卫生指标。在饮用水中所测得的细菌菌落总数除说明水被生活废弃物污染的程度外，还指示该饮用水能否饮用。但水源水中的细菌菌落总数不能说明污染的来源。因此，结合大肠菌群数来判断水的污染源的安全程度就更全面。

我国现行《生活饮用水卫生标准》（GB 5749—2006）规定：细菌菌落总数在 1 mL 自来水中不得超过 100 个。

一、实验目的

（1）理解细菌总数的概念与测定原理。

（2）掌握细菌总数的测定方法及菌落总数的读数方法。

二、实验原理

细菌种类很多，有各自的生理特性，必须用适合它们生长的培养基才能将它们培养出来。然而，在实际工作中不易做到，通常用一种适合大多数细菌生长的培养基培养腐生性细菌，以它的菌落总数表明有机物污染程度。

三、实验仪器和材料

（1）无菌培养皿（直径 90 mm）10 套、无菌移液管 1 mL 2 支、10 mL 1 支。

（2）营养琼脂培养基 1 瓶，活性污泥或土壤或湖水 1 瓶，无菌稀释水 90 mL 的 1 瓶、9 mL 的 5 试管。

（3）接种环、酒精灯或煤气灯、恒温箱。

四、实验内容与操作方法

（1）实验样品制备。用无菌锥形瓶到现场取一定量河水或取经过破碎和过滤处理的活性污泥于三角瓶中。

（2）水样稀释。取 8 只装有 5 mL 无菌水的试管分别以 10^0、10^{-1}、10^{-2}、10^{-3}、10^{-4}、10^{-5}、10^{-6} 及 10^{-7}，依次编号。在无菌操作下，用 1 mL 无菌吸管吸取 1 mL 菌液于第二支试管中吸洗 3 次混匀，以此方法稀释至第 8 支试管。

（3）平板的制作。取无菌培养皿 6 只编成三组，每组 2 只，编号为 1、2、3，另取 1 只无菌培养皿，编号为空气对照。再取一支无菌吸管，依次从 10^{-7}、10^{-6}、10

$^{-5}$ 三支试管中取 0.2 mL 菌液放于相应的培养皿内。然后，在无菌操作下取 40～50 ℃的已灭菌的普通培养基倒入上述培养皿内，加盖后将培养皿平放在桌上，轻微顺时针和反时针来回转动培养皿，以便菌液与培养基混合均匀，然后静置，待其冷却凝固成平板，倒置放入培养箱中，30℃培养 24～48 h。

五、菌落计数方法

1. 直接计数方法

（1）将上述实验中 10^{-4} 稀释液的试管内加结晶紫 2～3 滴，混匀静置 5 s，然后用无菌吸管吸一滴于血球计数器上。血球计数器是一块刻有网格（计算室）的特制载玻片。

（2）将血球计数器加盖玻片于显微镜下观察，先用低倍镜找到计数室（有双线），然后换成高倍镜找到计数室的中格和小格，进行细菌的计数。

（3）计数大方格中四个角的中方格及中央的一个中方格内的细菌数，每个中方格内计数四个小方格的细菌数，共计 20 个小方格的细菌数。

（4）将计数结果填于下表，并计算 1 mL 菌液中的细菌总数。

计算次数	各中格中菌数					总数 M	1 mL 菌液中细菌总数=	二次平均数
	1	2	3	4	5		$\frac{M}{5}\times25\times10\times1\,000\times N$	
第一次								
第二次								

2. 细菌的间接计数

将上述实验中培养的稀释菌液进行观察比较，记录一个稀释倍数的培养皿内的菌落数（最好选取平板上为 50 个左右的菌数，取 2 个平皿的平均数）。

1 mL 菌液中的菌数=平皿内菌数×5×稀释倍数

第四章 环境工程水处理主要处理设备设计计算实例

第一节 竖流式沉淀池的设计

一、概述

1. 沉淀池的类型

沉淀池是分离悬浮物的一种常用处理构筑物。

用于生物处理法中作预处理的称为初次沉淀池。对于一般的城市污水，初次沉淀池可以去除约 30%的 BOD_5 与 55%的悬浮物。设置在生物处理构筑物后的称为二次沉淀池，是生物处理工艺中的一个组成部分。

沉淀池由五个部分组成，即：进水区、出水区、沉淀区、贮泥区及缓冲区。进水区和出水区的功能是使水流的进入与流出保持均匀平稳，以提高沉淀效率。沉淀区是池子的主要部位。贮泥区是存放污泥的地方，它起到贮存、浓缩与排放的作用。缓冲区介于沉淀区和贮泥区之间，缓冲区的作用是避免水流带走沉在池底的污泥。

沉淀池的运行方式，有间歇式与连续式两种。在间歇运行的沉淀池中，其工作过程大致分为三步：进水、静置及排水。污水中可沉淀的悬浮物在静置时完成沉淀过程，然后由设置在沉淀池壁不同高度的排水管排出。在连续运行的沉淀池中，污水是连续不断地流入与排出。污水中可沉颗粒的沉淀是在流过水池时完成的，这时可沉颗粒受到重力和水平流速两方面的作用。水流流动的速度对颗粒的沉淀有重要的影响。

沉淀池常按水流方向区分为平流式、竖流式及辐流式三种。

2. 沉淀池一般设计原则及参数

（1）设计流量。

沉淀池的设计流量与沉砂池的设计流量相同。在合流制的污水处理系统中，当废水是自流进入沉淀池时，应按最大流量作为设计流量；当用水泵提升时，应按水泵的最大组合流量作为设计流量。在合流制系统中应按降雨时的设计流量校核，但沉淀时间应不小于 30 min。

（2）沉淀池的只数。

对城市污水处理厂，沉淀池的只数应不少于 2 只。

（3）沉淀池的经验设计参数。

对于城市污水处理厂，如无污水沉淀性能的实测资料，可参照经验参数选用。

（4）沉淀池的有效水深、沉淀时间与表面水力负荷的相互关系，如表 4-1 所示。

表 4-1 沉淀池的有效水深、沉淀时间与表面水力负荷的相互关系

表面水力负荷	沉淀时间 t/h				
q'/（$m^3 \cdot m^{-2} \cdot h^{-1}$）	H=2.0 m	H=2.5 m	H=3.0 m	H=3.5 m	H=4.0 m
3.0			1.0	1.17	1.33
2.5		1.00	1.2	1.40	1.60
2.0	1.00	1.25	1.5	1.75	2.00
1.5	1.33	1.67	2.0	2.33	2.67
1.0	2.00	2.50	3.0	3.50	4.00

（5）沉淀池的几何尺寸。

沉淀池超高不少于 0.3 m；缓冲层高采用 0.3～0.5 m；贮泥斗斜壁的倾角，方斗不宜小于 60°，圆斗不宜小于 55°；排泥管直径不小于 200 mm。

（6）沉淀池出水部分。

一般采用堰流，在堰口保持水平。出水堰的负荷为：对初沉池，应不大于 2.9 L/（s • m）；对二次沉淀池，一般取 1.5～2.9 L/（s • m）。有时亦可采用多槽出水布置，以提高出水水质。

（7）贮泥斗的容积。

一般按不大于 2 d 的污泥量计算。对二次沉淀池，按贮泥时间不超过 2 h 计。

（8）排泥部分。

沉淀池一般采用静水压力排泥，静水压力数值如下：初次沉淀池应不小于 14.71 kPa（1.5 m H_2O）；活性污泥法的二沉池应不小于 8.83 kPa（0.9 m H_2O）；生物膜法的二沉池应不小于 11.77 kPa（1.2 m H_2O）。

3. 竖流式沉淀池

竖流式沉淀池池型多为圆形，亦有呈方形或多角形的，废水从设在池中央的中心管进入，从中心管的下端经过反射板后均匀缓慢地分布在池的横断面上，由于出水口设置在池面或池墙四周，故水的流向基本由下向上。污泥贮积在底部的污泥斗。图 4-1 为竖流式沉淀池的示意图。

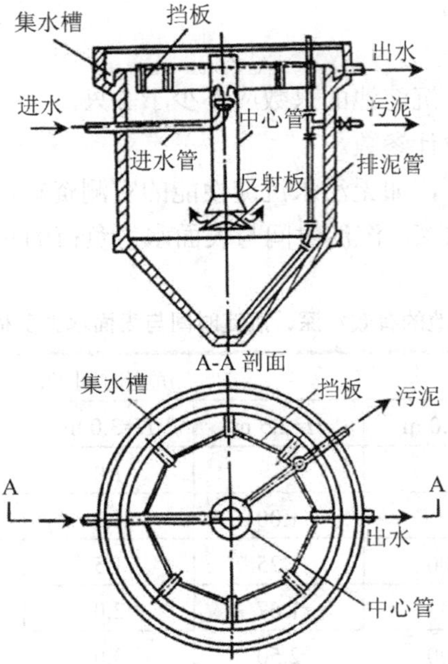

图 4-1　竖流式沉淀池

二、设计

1. 主要设计公式及设计参数

参见表 4-2、表 4-3。

表 4-2　竖流式沉淀池的主要设计公式

名　称	公　式	单位	符　号　说　明
（1）中心管面积	$f=\frac{q_{max}}{v_0}$	m^2	q_{max}— 每池最大设计流量，m^3/s； v_0— 中心管内的流速，m/s； v_1— 污水由中心管喇叭口下缘至反射板之间的缝隙流出的速度，m/s； v— 污水在沉淀池中的流速，m/s； t— 沉淀时间，h； S— 每人每日污泥量，L/（人·d），一般采用 0.3～0.8； N— 设计人口数； T_g— 两次排泥间隔时间，d； c_1— 进水悬浮物浓度，t/m^3； c_2— 出水悬浮物浓度，t/m^3； K— 生活污水流量总变化系数； γ— 污泥容量，t/m^3，约为 $1t/m^3$；
（2）中心管直径	$d_0=\sqrt{\frac{q_{max}}{v_1\pi h}}$	m	
（3）中心管喇叭口下缘至反射板的垂直距离	$h_3=\frac{q_{max}}{v_1\pi d_1}$	m	
（4）沉淀部分有效断面积	$F=\frac{q_{max}}{v}$	m	
（5）沉淀池直径	$D=\sqrt{\frac{4(F+f)}{\pi}}$	m	
（6）沉淀部分有效水深	$h_2=3\ 600\ vt$	m	

名　称	公　式	单位	符 号 说 明
（7）沉淀部分所需总容积	$V=\frac{SNT_g}{1\,000}$	m^3	P_0 — 污泥含水率，%； h_1 — 超高，m； h_4 — 缓冲层高，m； h_5 — 污泥室圆截锥部分的高度，m； R — 圆截锥上部半径，m； r — 圆截锥下部半径，m
	$V=\frac{q_{max}(c_1+c_2)T\times 86\,400\times 100}{K\gamma(100-P_0)}$		
（8）圆截锥部分容积	$V_1=\frac{\pi h_5}{3}(R^2+Rr+r^2)$	m^3	
（9）沉淀池总高度	$H=h_1+h_2+h_3+h_4+h_5$	m	

表 4-3　竖流式沉淀池的主要设计参数

名　称	数据大小	单位	备　注
池子直径（D）	4.0～7.0	m	不宜大于 8.0；最大可达 10.0
D/h_2	≤3.0		h_2—有效水深，m
中心管内流速（v_0）	≥30	mm/s	
反射板板底距池面距离	≥0.3	m	
d_1/d_0 和 h/d_0	1.35		d_0—中心管直径；d_1—喇叭口直径；h—高度
D_2/d_1	1.30		D_2—反射板直径
反射板表面与水平面的倾角	17	（°）	
排泥管下端距池底距离	≤0.20	m	
排泥管上端超出水面距离	≥0.40	m	
浮渣挡板距集水槽距离	0.25～0.50	m	
浮渣挡板淹没深度	0.1～0.15	m	
浮渣挡板淹没深度	0.3～0.4	m	D<7.0 m 时，澄清池水沿周边流出；D≥7.0 m 时，应增设辐射式集水支渠

2. 设计实例

已知某城市设计人口 N=600 000 人，设计最大污水量 Q_{max}=0.13 m^3/s。求竖流式沉淀池各部分尺寸。

竖流式沉淀池计算草图见图 4-2。

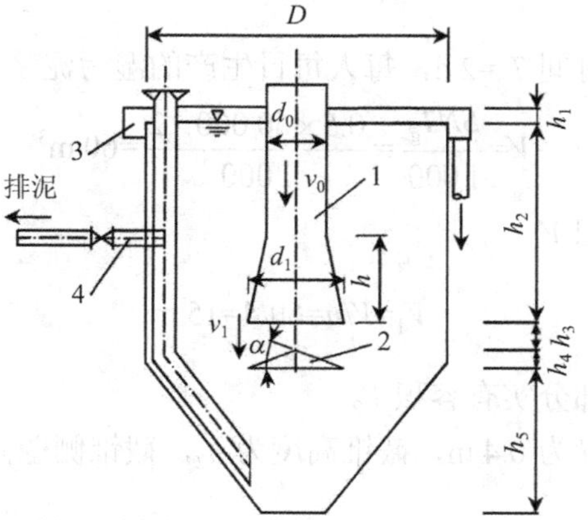

1—中心管；2—反射板；3—集水槽；4—排泥管

图 4-2　竖流式沉淀池计算草图

（1）设中心管内流速 v_0=0.03 m/s，采用池数 n=4，则每池最大流量：

$$q_{max}=\frac{Q_{max}}{n}=\frac{0.13}{4}=0.032\,5\ m^3/s$$

$$f=\frac{q_{max}}{v_0}=\frac{0.032\,5}{0.03}=1.08\ m^2$$

（2）沉淀部分有效断面积。

设表面负荷 q'=2.52 $m^3/(m^2 \cdot h)$，则上升流速

$$v=u_0=2.52\ m/h=0.000\,7\ m/s$$

$$F=\frac{q_{max}}{v}=\frac{0.032\,5}{0.000\,7}=46.43\ m^2$$

（3）沉淀池直径。

$$D=\sqrt{\frac{4(F+f)}{\pi}}=\sqrt{\frac{4(46.43+1.08)}{\pi}}=7.8\ m<8\ m$$

（4）沉淀池有效水深 h_2。

设沉淀时间 t=1.5 h，则

$$h_2=vt\times 3\,600=0.000\,7\times 1.5\times 3\,600=3.78\ m$$

（5）校核池径水深比。

$$D/h_2=7.8/3.78=2.06<3\text{（符合要求）}$$

（6）校核集水槽每米出水堰的过水负荷 q_0。

$q_0=\frac{q_{max}}{\pi D}=\frac{0.032\,5}{\pi\times 7.8}\times 1\,000=1.33\ L/s<2.9\ L/s$，符合要求，可不另设辐射式集水槽。

（7）污水体积 V。

设两次排泥间隔时间 T_g=2 d，每人每日生产的湿污泥量 S=0.5 L，则

$$V=\frac{SNT_g}{1\,000}=\frac{0.5\times 60\,000\times 2}{1\,000}=60\ m^3$$

（8）每池污泥体积 V_1。

$$V_1=V/n=60/4=15\ m^3$$

（9）池子圆截锥部分实有容积 V_2。

设圆锥底部直径 d'为 0.4 m，截锥高度为 h_2，截锥侧壁倾角 α=55°，则

$$h_5=(D/2-d'/2)\,\mathrm{tg}\alpha=(7.8/2-0.4/2)\,\mathrm{tg}55°=5.28\ m$$

$$V=\frac{h_5\pi}{3}(R^2+Rr+r^2)=\frac{5.28\pi}{3}\times(3.9^2+3.9\times0.2+0.2^2)=88.6\ \text{m}^3>15\ \text{m}^3$$

可见池内足够容纳 2 d 污泥量。

（10）中心管的直径 d_0。

$$d_0=\sqrt{\frac{4f}{\pi}}=\sqrt{\frac{4\times1.08}{\pi}}=1.17\ \text{m}$$

（11）中心管喇叭口下缘至反射板的垂直距离 h_3，设流过该缝隙的污水流速 v_1=0.02，喇叭口直径：

$$d_1=1.35d_0=1.35\times1.17=1.58\ \text{m}$$

则
$$h_3=\frac{q_{max}}{d_1\pi v_1}=\frac{0.032\,5}{0.02\times\pi\times1.58}=0.33\ \text{m}$$

（12）沉淀池的总高度 H。

设池子保护高度 h_1=0.3 m，缓冲层高度 h_4=0（因泥面很低），则

$$H=h_1+h_2+h_3+h_4+h_5=0.3+3.78+0.33+0+5.28\approx10\ \text{m}$$

第二节 斜管沉淀池的设计

一、概述

根据沉淀理论，沉淀的效果与沉淀面积和沉降高度有关，与沉降时间关系不大。斜流式沉淀池就是以增加沉淀面积、降低沉降高度来提高沉淀效果的，也就是根据浅池理论，在沉淀池的沉淀区加斜板或斜管而构成的。它由斜板（管）沉淀区、进水配水区、清水出水区、缓冲区和污泥区组成。

污水处理工程上采用的斜流式沉淀池，按水在其中的流动方向分为斜向流沉淀池和横向流沉淀池。斜向流又分为上向流沉淀池和下向流沉淀池。按水流断面形状分，有斜板式沉淀池和斜管式沉淀池。

斜流式沉淀池具有沉淀效率高、停留时间短、占地少等优点，在给水处理中得到比较广泛的应用。在选矿水尾矿浆的浓缩、炼油厂的含油废水的隔油等方面的应用已有较成功的经验，在印染废水处理和城市污水处理中也有应用。

二、设计

1. 主要设计公式及设计参数

见表 4-4、表 4-5。

表 4-4　斜管沉淀池的主要设计公式

<table>
<tr><th colspan="2">名　称</th><th>公　式</th><th>单位</th><th>符 号 说 明</th></tr>
<tr><td colspan="2">（1）池子水面面积</td><td>$F=\frac{Q_{max}}{nq'\times 0.91}$</td><td>$m^2$</td><td rowspan="9">$Q_{max}$—最大设计流量，$m^3/h$；
n—池数，个；
q'—设计表面负荷，$m^3/（m^2\cdot h）$；
0.91—斜管区面积利用系数；
h_2—斜管区上部水深，m；
h_3—斜管高度，m；
S—每人每日污泥量，L/（h·d），一般采用 0.3～0.8；
N—人口数，人；
T—污泥区储泥周期，d；
c_1—进水悬浮物浓度，t/m^3；
c_2—出水悬浮物浓度，t/m^3；
K—生活污水量总变化系数；
γ—污泥容重；t/m^3，约为 1.0；
P_0—污泥含水率，%；
h_5—污泥斗高度，m；
R—污泥斗上部半径，m；
r—污泥斗下部半径，m；
a_1—污泥斗下部边长，m；
h_1—超高，m；
h_4—斜管区底部缓冲层高度，m</td></tr>
<tr><td rowspan="2">（2）池子平面尺寸</td><td>圆形池直径</td><td>$D=\sqrt{\frac{4F}{\pi}}$</td><td rowspan="2">m</td></tr>
<tr><td>方形池边长</td><td>$a=\sqrt{F}$</td></tr>
<tr><td colspan="2">（3）池内停留时间</td><td>$t=\frac{60\times(h_2+h_3)}{q'}$</td><td>min</td></tr>
<tr><td colspan="2" rowspan="2">（4）污泥部分所需的容积</td><td>$V=\frac{SNT}{1\,000}$</td><td rowspan="2">m^3</td></tr>
<tr><td>$V=\frac{Q_{max}(c_1-c_2)\times 24T\times 100}{K\gamma(100-P_0)n}$</td></tr>
<tr><td rowspan="2">（5）污泥斗容积</td><td>圆锥体</td><td>$V_1=\frac{\pi h_5}{3}(R^2+Rr+r^2)$</td><td rowspan="2">$m^3$</td></tr>
<tr><td>方锥体</td><td>$V_1=\frac{h_5}{3}(a^2+aa_1+a_1^2)$</td></tr>
<tr><td colspan="2">（6）沉淀池总高</td><td>$H=h_1+h_2+h_3+h_4+h_5$</td><td>m</td></tr>
</table>

表 4-5　斜管沉淀池的主要设计参数

<table>
<tr><th colspan="2">名　称</th><th>数量大小</th><th>单　位</th><th>备　注</th></tr>
<tr><td colspan="2">（1）表面负荷（q'）</td><td>＜2.0（给水）
＜1.0（污水）</td><td>$m^3/（m^2\cdot h）$</td><td>二沉池应以污泥负荷核算</td></tr>
<tr><td rowspan="3">（2）斜管</td><td>孔径（d）</td><td>50～80</td><td>mm</td><td rowspan="3">对黏度较大的悬浮物废水如活性污泥等，倾角应取 62°</td></tr>
<tr><td>长度</td><td>1.0～1.2</td><td>m</td></tr>
<tr><td>倾角</td><td>60～62</td><td>（°）</td></tr>
<tr><td colspan="2">（3）斜管区底部缓冲层高度（h_4）</td><td>0.5～1.0</td><td>m</td><td></td></tr>
<tr><td colspan="2">（4）斜管区上部水深</td><td>0.5～1.0</td><td>m</td><td></td></tr>
<tr><td rowspan="2">（5）池内停留时间（t）</td><td>初沉池</td><td>≤30</td><td>min</td><td rowspan="2"></td></tr>
<tr><td>二沉池</td><td>≤60</td><td>min</td></tr>
<tr><td colspan="5">（6）一般采用重力排泥，每日排泥 1～2 次或连续排泥</td></tr>
<tr><td colspan="5">（7）进水方式一般采用穿孔墙整流布水，出水方式一般采用多槽出水</td></tr>
<tr><td colspan="5">（8）应设有斜管冲洗设施</td></tr>
</table>

2. 设计实例

斜管沉淀池计算草图见图 4-3。

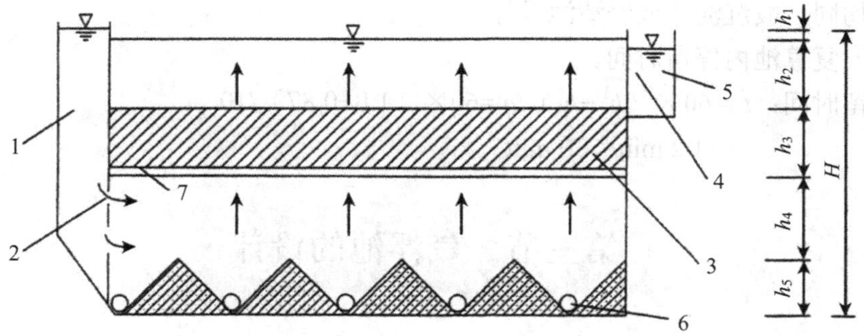

1—配水槽；2—穿孔墙；3—斜管；4—淹没孔口；5—水槽；6—排泥管；7—支架

图 4-3 斜管沉淀池计算草图

（1）已知条件。

① 进水量：Q=15 000 m^3/d=625 m^2/h

② 颗粒沉降速度：u=0.35 mm/s

（2）设计采用数据。

① 表面负荷：q'=10 m^3/（m^2 • h），则清水区上升流速为 2.8 mm/s

② 采用塑料片热压六边形蜂窝管，管厚 0.4 mm，边距 d=30 mm，水平倾角θ=60°

③ n=1

（3）池子水面面积：$F=\dfrac{Q_{\max}}{nq'\times 0.91}$=625/9.1=68.7 m^2。

（4）斜管长度 l。

① 管内流速：$v_0=\dfrac{v}{\sin\theta}=\dfrac{2.8}{\sin 60^\circ}$=3.23 mm/s

② 斜管长度：l=（$\dfrac{1.33v_0-u\sin\theta}{u\cos\theta}$）$d$=（$\dfrac{1.33\times 3.23-0.35\times 0.866}{0.35\times 0.5}$）30=684 mm

③ 考虑管端紊流、积泥等因素，过渡区采用 250 mm

④ 斜管总长：l'=250+684=934 mm，按 1 000 mm 即 1 m 计

（5）池子高度。

① 采用保护高度：0.3 m，即超高 h_1

② 清水区：1.0 m，即斜管区上部水深 h_2

③ 布水区：1.0 m，即斜管区底部缓冲层高度 h_4

④ 穿孔排泥斗槽高：0.8 m

⑤ 斜管高度：$h_3=l'\sin\theta$=1.0×sin60° =0.87 m

⑥池子总高：H=0.3+1.0+1.0+0.8+0.87=3.97 m

（6）沉淀池进口采用穿孔墙，排泥采用穿孔管，集水系统采用穿孔管，以上各项计算均同一般沉淀池或澄清池设计。

（7）复算池内停留时间。

停留时间：$t=60\times(h_2+h_3)/q'=60\times(1.0+0.87)/10$

$=11.2\ \text{min}<30\ \text{min}$

第三节　气浮池的设计

一、概述

1. 工作原理

气浮是利用气水混合，形成多微气泡黏附于杂质絮粒上，造成整体密度小于水的状态，依靠浮力上浮。获得固、液分离，密度大于水的杂质沉淀池底。

2. 分类

根据废水的水质、处理程度及其他具体情况，目前已开发了各种形式的气浮池。应用比较广泛的有平流式气浮池和竖流式气浮池两种。

（1）平流式气浮池：废水从池下部进入气浮接触区，保证气泡与废水有一定的接触时间，废水经隔板进入气浮分离区进行分离后，从池底集水管排出。浮在水面上的浮渣用刮渣设备刮入集渣槽后排出。优点是池身浅，造价低廉，构造简单，管理方便。缺点是分离区容积利用率不高。

（2）竖流式气浮池：这种形式的气浮池的优点是接触区在池中央，水流向四周扩散，水力条件比平流式好。缺点是构造复杂。

二、设计

1. 设计计算公式和设计参数

见表4-6、表4-7。

表4-6　气浮池设计计算公式

设计公式	符号说明
（1）气浮所需空气量 $Q_g=QR'a_s\varphi$	Q_g —气浮所需空气量，L/h； Q —气浮池设计水量，m^3/h； R' —试验条件下所用的回流比，%； a_s —试验条件下的释气量，L/m^3； φ —水温校正系数；
（2）空压机所需额定空气量 $Q'_g=\varphi'\dfrac{Q_g}{60\times1\,000}$	

设计公式	符号说明
（3）需加压溶气的水量 $Q_p=\dfrac{Q_g}{7.37\eta pK_T}$	Q'_g—空压机额定空气量，m^3/min； φ'—空压机效率系数； Q_p—加压回流溶气水量，m^3/h； η—溶气效率，%； p—设计中考虑采用的压力，kPa； K_T—溶解度系数；
（4）接触室面积 $A_c=\dfrac{Q+Q_p}{3\,600v_c}$	A_c—接触室面积，m^2； v_c—接触室水流平均上升速度，m/s；
（5）分离室面积 $A_s=\dfrac{Q+Q_p}{3\,600v_s}$	A_s—分离室面积，m^2； v_s—分离室水流向下平均速度，m/s；
（6）池深 $H=\dfrac{v_s t_s}{1\,000}$	d—溶气罐直径，m； H—池深，m；
（7）气浮池容积 $W=(A_c+A_s)H$	t_s—气浮池分离室中水流停留时间，s；
（8）溶气罐直径 $d=\sqrt{\dfrac{4Q_p}{\pi I}}$	I—溶气罐负荷率，$m^3/(m^2\cdot h)$； z—溶气罐高度，m；
（9）溶气罐高 $z=z_1+z_2+z_3+z_4$	z_1—罐顶底衬头高度，m； z_2—布水区高度，m； z_3—贮水区高度，m； z_4—填料层高度，m

表 4-7　气浮池设计参数表

项　目	设计参数取值范围
停留时间	接触室 1～2 min，气浮池 10～20 min
溶气压	0.2～0.4 MPa
接触室平均上升速度	10～20 mm/s
溶气效率	80%～98%
安全与空压机效率系数	1.2～1.5

2. 气浮池设计示意图

见图 4-4。

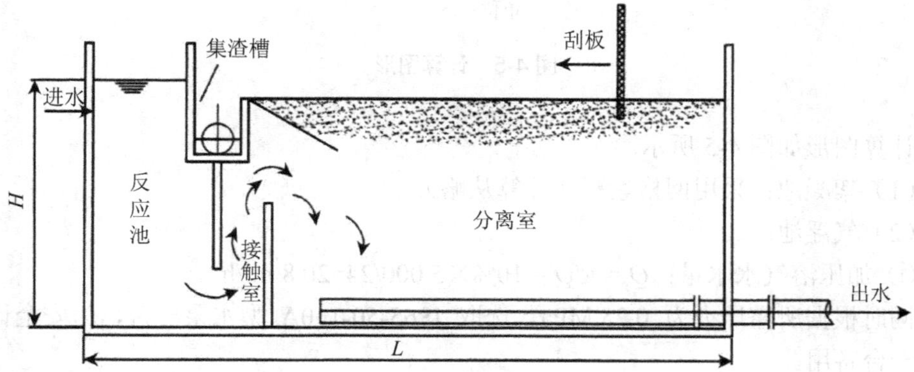

图 4-4　气浮池

3．设计实例

某厂取河水为水源，常年浊度在 70 NTU 左右，最低约 15 NTU，最高在 180 NTU 左右。夏季、秋季水中藻类含量较高，冬季最低水温 5℃。通过试验与方案比较，拟采用部分回流的平流式气浮池。该池的设计水量为 5 000 m^3/d。

（1）试验数据。对原水进行气浮试验得知：在水温 20℃、溶气压力为 0.25 MPa 时，采用 TS 型溶气释放器，其释气量为 40 mL/L。当回流比为 10%时，出水浊度可降至 4 NTU 左右，除藻率在 80%以上。

（2）基本设计数据的确定：

① 絮凝时间采用 15 min。

② 回流比取 10%。

③ 接触室上升流速采用 20 mm/s。

④ 气浮分离速度采用 2 mm/s。

⑤ 溶气罐负荷率取 150 m^3/（m^2·h）。

⑥ 溶气罐压力定为 0.25 MPa。

⑦ 气浮池分离室停留时间为 16 min。

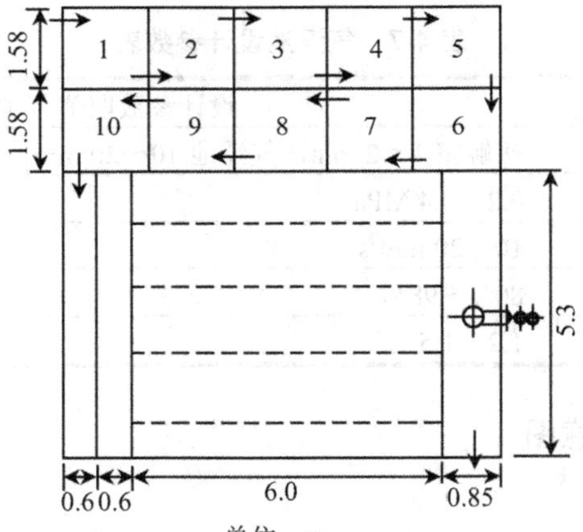

图 4-5 计算图形

计算图形如图 4-5 所示。

（1）絮凝池：采用网格絮凝（计算从略）。

（2）气浮池：

① 加压溶气水水量：$Q_p = R'Q = 10\% \times 5\,000/24 = 20.8\ m^3/h$

同时根据所需压力为 0.25 MPa，选取 IS65-50-160A 型水泵一台，为安全计，增设一台备用。

② 气浮池所需空气量：$Q_g = Q_p \alpha_s \phi = 20.8 \times 40 \times 1.2 = 1\,000\ L/h$

③ 空气压缩机所需额定气量：$Q=\dfrac{Q}{60\times1\,000}\phi'=\dfrac{1\,000}{60\times1\,000}\times1.4=0.023\ \text{m}^3/\text{min}$

故选用 Z-0.025/6 型空压机一台，为安全计，增设一台备用。

④ 压力溶气罐直径：

$$D=\sqrt{\frac{4Q_p}{\pi I}}=\sqrt{\frac{4\times20.8}{\pi\times150}}=0.42\ \text{m}$$

选用标准填料罐——TR-4 型溶气罐一只。

⑤ 气浮池接触尺寸：

接触室平面面积：$A_c=\dfrac{Q+Q_p}{3\,600v_c}=\dfrac{5\,000/24+20.8}{20\times0.001\times3\,600}=3.18\ \text{m}^2$

接触室宽度选用 b=0.6 m，则接触室长度（即气浮池宽度）：

$$B=\frac{A_c}{b_c}=\frac{3.18}{0.6}=5.3\ \text{m}$$

接触室出口的堰上流速以不超过接触室上升流速为宜，故堰上水位 $H_2=b_c$=0.60 m

⑥ 气浮池分离室尺寸：

分离室平面面积：$A_s=\dfrac{Q+Q_p}{v_s}=\dfrac{208+20.8}{2\times0.001\times3\,600}=31.8\ \text{m}^2$

分离室长度：$L_s=\dfrac{A_s}{B}$=31.8/5.3=6.0 m

⑦ 气浮池水深：$H=v_st/1\,000=2\times16\times60/1\,000=1.92$ m

⑧ 气浮池的容积：$W=(A_c+A_s)H=(3.18+31.8)\times1.92=67.2\ \text{m}^3$

总停留时间：$T=\dfrac{60\times W}{Q+Q_p}=\dfrac{60\times67.2}{208+20.8}=17.6\ \text{min}$

接触室气、水接触时间：$t_c=\dfrac{H-H_2}{v_c}=\dfrac{1.92-0.60}{0.02}=66\ \text{s}$（>60 s）

⑨ 气浮池集水管：集水管采用穿孔管，沿池长方向均匀布四根，管间距 1.33 m，每根管的集水量 $q=(Q+Q_p)/4=57.2\ \text{m}^3/\text{h}$，选用管直径 D=200 mm，管内最大流速为 0.51 m/s。

如允许气浮池与后续滤池有 0.3 m 的水位落差（允许穿孔集水管孔眼有近于 0.3 m 的水头损失），则集水孔口的流速 $v_0=\mu\sqrt{2gh}=0.97\sqrt{2\times9.81\times0.3}=2.35$ m/s，每根集水管的孔口总面积 $W=\frac{q}{\varepsilon v_0}=\frac{57.2}{3\,600\times0.64\times2.35}=0.010\,6\ \mathrm{m}^2$，式中，$\varepsilon$为孔口收缩系数，取 0.64。

设孔口直径为 15 mm，则每孔面积：$W_0=0.000\,177\ \mathrm{m}^2$；

孔口数：$n=\frac{W}{W_0}=\frac{0.010\,6}{0.000\,177}=60$ 只；

气浮池长为 6.0 m，穿孔管有效长度 L 取 5.7 m，则孔距 $l=L/n=0.095$ m。

⑩ 释放器的选型：根据选定的溶气压力 0.25 MPa 及回流溶气水量 20.8 m³/h，选用 TV-Ⅱ型释放器，这时该释放器的出流量为 2.32 m³/h，则释放器的个数 $N=20.8/2.32=9$ 只，采用单行布置，释放器间距为 5.3/9=0.59 m。

⑪ 集渣槽设于气浮池进水端，采用桥式刮渣机逆向刮渣，刮渣机选用 TQ-5 型。

第四节　间歇式活性污泥处理池（SBR）设计

一、概述

间歇式活性污泥法又称序批式活性污泥法，简称 SBR。运行时，污水分批进入池中，依次经过进水、反应、沉淀、排水和闲置完成一个操作周期，每个周期的 5 个过程都在同一反应器内进行，实现自动化控制，如图 4-6 所示。SBR 在流态上属于完全混合式，是典型的非稳态系统，微生物浓度和有机物浓度随时间逐渐变化。在 SBR 反应器中活性污泥一般要经历停滞期、对数期、静止期、衰亡期 4 个生长阶段，即污泥生长的全过程。

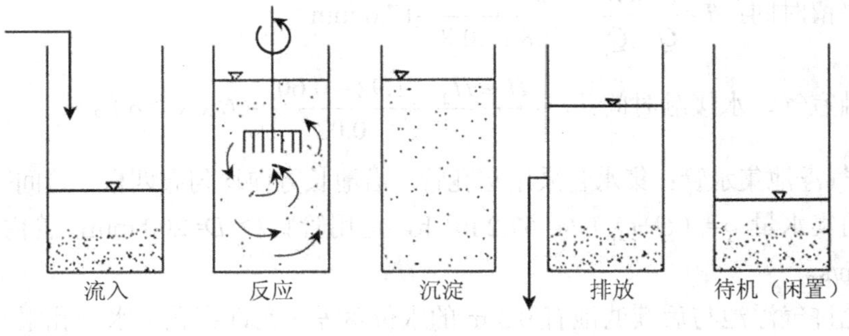

图 4-6　SBR 工艺操作过程

（1）SBR 的优点。

SBR 工艺与连续流活性污泥工艺相比具有如下优点。

① 系统简单 无二沉池和污泥回流系统，构成简单、投资运行费用低。

② 耐冲击负荷 和其他完全混合反应器一样，耐冲击负荷能力强，一般不需初沉池和调节池。

③ 净化效果好 SBR 的活性污泥经历污泥生长的全过程，有机物浓度始终大于出水浓度，推动力大，反应速度快，净化效果好，出水水质优于连续流系统。

④ 操作灵活，智能化水平高 各操作单元的状态和运行参数，可根据需要灵活调整，并能自动化操控与管理，使其处于最佳运行状态。

⑤ 脱氮除磷效果好 SBR 的运行方式可灵活变动，使其交替处于厌氧、缺氧、好氧状态，有利于 N、P 的脱除。

⑥ 抑制污泥膨胀 SBR 反应的基质浓度高，浓度梯度大，交替出现缺氧、好氧状态，泥龄短，有利于高基质细菌的生长，不利于耐低基质专性好氧丝状菌的生长繁殖，能有效抑制污泥膨胀。

由于 SBR 具有以上优点，所以近年来在我国得到了广泛应用。

（2）SBR 的缺点。

① 单一的 SBR 反应器需要较大的调节池。

② 处理水量大时，来水与间歇进水不匹配的问题难以解决。此时需多套 SBR 反应器并联运行，阀门切换频繁，操作程序复杂。

③ 大水量时，优势不明显。无论水量大小，SBR 的基建投资和运行费用都与氧化沟相当，但基建投资比传统活性污泥法降低 20%左右。水量小时，SBR 的运行费用比传统活性污泥法省 20%左右，但水量大时，SBR 运行费用与传统法相近。可见 SBR 法对大水量失去了优势。

④ 设备闲置率高。

⑤ 污水提升阻力损失较大。

为克服 SBR 法的缺点，人们对 SBR 工艺不断改进。如今出现了多种改进型 SBR 工艺，主要有连续进水周期循环延时曝气活性污泥法（ICEAS）、连续进水分离式周期循环活性污泥法（IDEA）和不完全连续进水周期循环活性污泥法（CASS、CAST 或 CASP）、UNITANK 等。

二、设计

间歇式活性污泥处理池（SBR）设计计算公式、主要设计参数见表 4-8、表 4-9 及图 4-7。

表 4-8　SBR 设计计算公式

名称	公式	单位	符号说明
（1）反应池有效容积	$V=\dfrac{nQ_0c}{N_V}$	m^3	N——一日之内的周期数，周期数/日； c——进入反应池污水 BOD 平均浓度，kgBOD/m^3； N_V——BOD 容积负荷，kgBOD/（m^3·d）； Q_0——平均日污水流量，m^3/d； T——工作周期，h； N——反应池个数； SVI——污泥指数，mL/g； H——反应池有效水深，m； L、B——单座反应池的长与宽，m
（2）周期进水量	$Q_0=\dfrac{Q \cdot T}{24 \cdot N}$	m^3/周期	
（3）池内最小水量	$V_{min}=\dfrac{SVI \cdot MLSS}{10^6}\times V$	m^3	
（4）排水口距反应池底高度	$h=(H-\dfrac{Q_0}{L\times B})\geqslant\dfrac{V}{N\times L\times B}$	m	

表 4-9　SBR 主要设计参数

名称	数值	单位	备注
（1）容积负荷（N_V）	0.1～1.3，一般取 0.5	kg/（m^3·d）	当 N_V 取 0.5 时，SVI 为 90～100 mL/g
（2）MLSS 浓度	3 000 左右	mg/L	
（3）单座反应池池深	一般为 3.5～4.5	m	一般超高为 0.5 m
（4）操作周期的时间（T）分配	若 T 为 6～8，则进水为 2，曝气为 4，沉淀为 1，排水待机为 1	h	分配也可以为：进水 2 h（后 0.5 h 即开始边进水、边曝气），曝气 3.5 h（含进水时的 0.5 h 曝气），沉淀 1 h，排水与待机 1 h

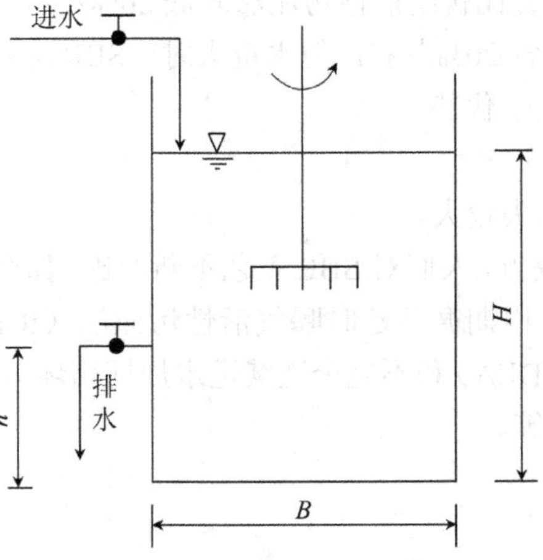

图 4-7　SBR 设计计算图

第五节　生物接触氧化池的设计

一、生物接触氧化法概述

生物接触氧化池内设置填料，填料上生长生物膜淹没在待处理废水中，废水与生物膜接触过程中，水中的有机物被微生物吸附、氧化分解，同时再生长出新的微生物形成新的生物膜。生物膜不断生长，并不断脱落。脱落的生物膜随水流到二沉池后被去除，同时废水得到净化。在生物接触氧化中，生物膜中微生物所需要的氧气可以来自于随水流进入反应池的溶解氧，也可以是反应池底部的曝气管道曝入的空气。生物接触氧化法基本流程如图 4-8 所示。

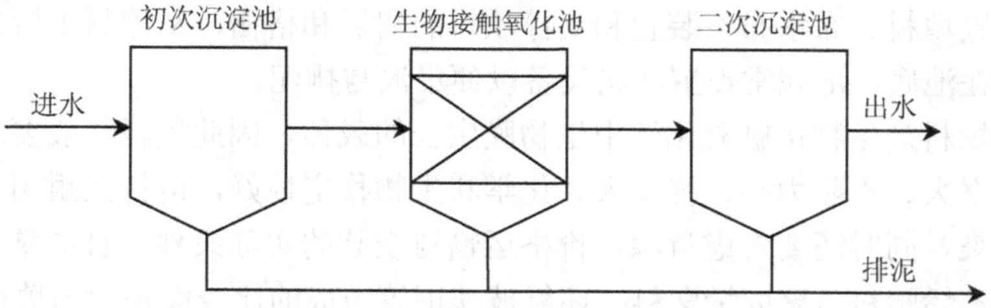

图 4-8　生物接触氧化法基本流程

二、生物接触氧化法的特点

(1) 生物接触氧化池填料比表面积大、池内的氧气分布条件良好。生物接触氧化池内单位生物量一般要比活性污泥曝气池高，因此，生物接触氧化池具有较高的容积负荷。

(2) 生物接触氧化法一般不需要进行污泥回流，也不存在污泥膨胀的问题，运行管理简便。

(3) 由于生物固体量多，水流又属于完全混合型，因此生物接触氧化池对水质与水量的变化有较强的适应能力。

(4) 生物接触氧化池有机容积负荷较高时，其 *F/M* 保持在较低的水平，污泥的产量也比较低。

三、生物接触氧化池的构造

生物接触氧化池的主要组成部分有池体、填料和布水布气装置。接触氧化池的基本构造如图 4-9 所示。

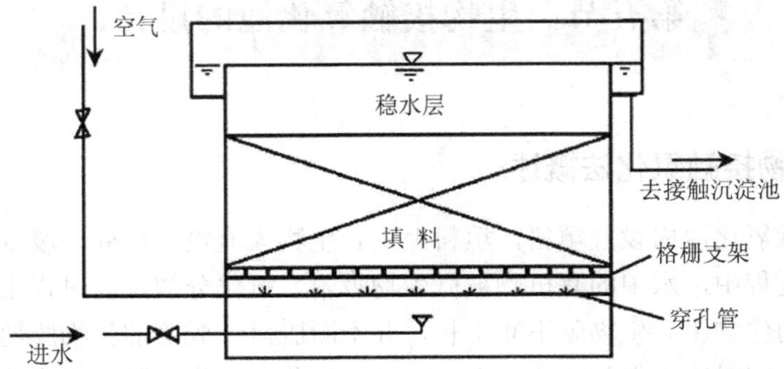

图 4-9　接触氧化池的基本构造

（1）池体在平面上呈圆形和矩形或方形，用钢板焊接或用钢筋混凝土浇灌而成。池体内设置填料、布水布气装置和支撑填料的栅板和格栅，从填料上脱落的残膜一部分沉淀在池底，池底常设置斗状设备以便集泥与排泥。

（2）填料是生物接触氧化池中生物膜生长的载体，因此填料一般要求比表面积大、孔隙率大、水阻力小、强度大、化学和生物稳定性好，能持久耐用且不容易产生二次污染，同时还要考虑货源、价格运输与安装的实际条件。目前常用的填料材料有聚氯乙烯塑料、聚丙烯塑料、环氧玻璃钢等做成的比表面积大的填料。

（3）布气布水系统。生物接触氧化池根据曝气装置的位置又可分为中心曝气与单侧曝气。中心曝气接触氧化池，池中心为曝气区，其周围外侧为充填填料的接触氧化区，处理水在其外侧的间隙上升，从池顶部溢出排走，进入沉淀池。单侧曝气型接触氧化池，填料设在池的一侧，另一侧为曝气区，原污水首先进入曝气区，经过曝气充氧后从填料上流下，污水在填料区与曝气区循环反复，处理水则沿设于曝气区外侧的间隙进入沉淀池。

（4）生物接触氧化池的设计应考虑的因素。

① 污水量的设计应按照平均污水量设计；

② 污水的溶解氧一般在 2.5～3.5 mg/L，气水比例为 15～20∶1；

③ 污水在池内的有效接触时间应该不少于 2 h；

④ 为保证池内的布水与布气均匀，池面积一般应在 25 m^2 之内。

四、工艺设计

生物接触氧化池工艺设计的主要内容是计算池子的有效容积、尺寸以及空气量、空气管道。目前一般是根据有机负荷计算池容积。对于工业废水而言，最好通过试验确定有机负荷获得经验数据。生物接触氧化池的设计见表 4-10、表 4-11 和图 4-10。

表 4-10 生物接触氧化池设计计算表

名 称	公 式	单位	符号说明
（1）氧化池的有效容积（即滤料体积）	$V=\dfrac{Q(L_a-L_e)}{N_V}$	m^3	Q —平均日污水量，m^3/d； L_a，L_e —进水与出水 BOD_5 浓度，kg/m^3； N_V —BOD 容积负荷，kg BOD_5/（m^3·d）； H —滤料层总高度，m，一般 H=3 m； f —每格氧化池面积，m^2，$f\leqslant 25\ m^2$； h_1 —超高，m，一般为 0.5～0.6 m； h_2 —填料层上水深，m，一般为 0.4～0.5 m； h_3 —填料层间隙高，m，当采用多孔管曝气时，不进入检修者，h_4 取 0.5 m；进入检修者 h_4 取 1.5 m； m —填料层数
（2）氧化池总面积	$F=\dfrac{V}{H}$	m^2	
（3）氧化池格数	$n=\dfrac{F}{f},n\geqslant 2$	个	
（4）校核接触时间	$t=\dfrac{nfH}{Q}\times 24$	h	
（5）氧化池总高度	$H_0=H+h_1+h_2+（m-1）h_3+h_4$	m	

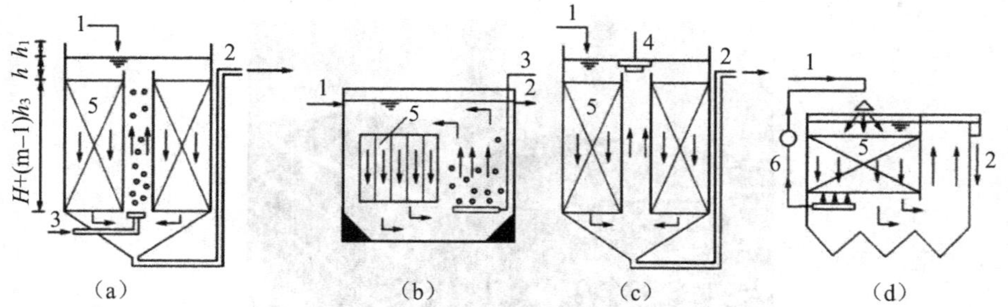

1—进水管；2—出水管；3—进气管；4—叶轮；5—填料；6—泵

图 4-10 各种生物接触氧化池计算图

表 4-11 生物接触氧化池主要设计参数

项目名称	数 值		单 位	备 注
（1）BOD 容积负荷（N_V）	1 000～1 800		g BOD/（m^3·d）	一般应通过试验确定
（2）进水 BOD_5 浓度	分流式	＜100	mg/L	
	直流式	100～250		
（3）有效接触时间	1～2		h	与采用的处理工艺及原水水质有关。一般工业废水的停留时间较长，如印染废水 t=4.5～6 h；屠宰废水 t=1～6 h
（4）滤层总高度	≥3		m	一般应分层装填，每层厚为 1 m，蜂窝孔径≥25 mm
（5）气水比	一般城市污水、工业废水	10～15∶1		应按满足池中 DO= 2.5～3.5 mg/L 来核算
	高浓度生产废水	20～25∶1		
（6）单格池面积（f）	≤25		m^2	

第六节　生物转盘设计

生物转盘是一种生物膜法处理设备。由于它具有很多优点，自 1954 年德国建立第一座生物转盘之后，生物转盘工艺在欧洲迅速发展。我国于 20 世纪 70 年代开始进行研究，已在印染、造纸、石油化工的工业水处理中应用，并且效果较好。

一、生物转盘构造

生物转盘设备包括转动、传动、固定三大部分。安装中的生物转盘系统如图 4-11 所示。

图 4-11　安装中的生物转盘系统

生物转盘的转动部分包括轴和固定在轴上的圆盘。圆盘是生物转盘的主体，它是挂膜介质。制作圆盘的材料有塑料板、玻璃钢板、铝板等，一般要求质轻、坚固、抗蚀和无毒。圆盘直径多为 1～3 m，厚度为 0.7～20 mm。直径不宜过大，否则制作困难且易扭曲变形。盘片厚度也不应过大，否则将占用过多的有效容积。圆盘组平行安装于轴上，盘间净距采用 15～25 mm。净距过小，两盘面的生物膜有可能互相搭接，妨碍正常的通风；净距过大，同样会占用过多的有效容积。多级处理时，前面两级的盘间净距可以较大些，在利用藻类进行废水高级处理的场合，为了有利于阳光透射盘面，盘间净距应加大到 50～60 mm。直径大者，净距也应适当加大。当直径大到易引起盘面变形时，可在盘面加肋条，或用 3～4 根钢筋将圆盘互相串联固定起来。转轴必须坚固耐用，不产生弯曲变形。

固定部分包括废水槽和进出水设备。废水槽位于转盘组的正下方，小型生物转盘可用钢板制作或砖石砌筑，大型的多采用混凝土或钢筋混凝土结构。废水槽的断面最好和圆盘相适应，采用半圆形，以防产生死角，造成局部淤积或水质腐化。转盘和槽面之间的距离一般为 20～50 mm。槽内水面应维持在转轴以下 15～20 mm 处。水面超过转轴，会使靠轴处的盘面无法接触空气；水面过低，会减少转盘的有效挂膜面积。槽底应设放空管。进水槽可设于废水槽的一侧或一端，通过溢流堰控制槽内水位和出水的均匀性。当采用单轴多级处理装置时，各级之间应有连接渠。

传动部分包括电机和变速装置。圆盘的转速采用 0.8～3 r/min，最大线速以不超过 20 m/min 为宜。

二、生物转盘运行特点

当生物转盘的盘面浸入废水中时，盘上的生物膜便对废水中的有机物进行吸附，当其露出水面时，空气中的氧就溶入盘界面的水层中。盘上生物膜也经历生长、增厚、老化、脱落的过程，脱落原因是水对盘面的剪切作用以及老化自行脱落，脱落的生物膜转化为污泥进入二沉池中。

1. 生物转盘的优点

（1）转盘上微生物量大，可达 5 mg/cm^2，如若折算成活性污泥混合液，浓度即为 10 000～20 000 mg/L。

（2）BOD_5 负荷高达 10～20 g/（cm^2 • d），高出活性污泥 1 倍多。

（3）由于微生物浓度高，*F*/*M* 值低，约为 0.02～0.5，微生物基本处于内源呼吸阶段，形成污泥量少。

（4）耐冲击负荷适应力强，pH＝4.8～9.5，温度 13～23℃。

（5）工作可靠，不易堵塞，污泥不易膨胀，氧利用率高。

2. 生物转盘的缺点

（1）适于处理水量小的废水，占地大。

（2）转动过程中盘片损耗大，检修困难。

（3）卫生条件差，易厌氧。

三、工艺设计

生物转盘目前尚无成熟的计算方法，一般以 BOD 负荷或水力负荷进行估算，以停留时间进行校核。

生物转盘的工艺设计主要包括盘片面积、盘片数、氧化槽长度、氧化槽容积及转盘转数等。设计参数主要有停留时间、水力负荷和面积有机负荷率等。

停留时间指污水充满氧化槽净有效容积（盛水量）所需时间，为氧化槽净有效容积与进水量之比；水力负荷指单位时间单位氧化槽净有效容积处理的水量，单位为 m^3/（m^2 • d）；面积有机负荷率指单位面积转盘在单位时间内接纳的有机物量，单位为 kg BOD_5/（m^2·d）。

生物转盘的负荷率与污水性质、浓度、气候条件、反应器的构造和运行状况等因素有关，应通过试验确定。

生物转盘设计的程序是：① 计算转盘总面积；② 选定盘片直径，计算盘片数；③ 选定盘片净间距，计算转盘总长度；④ 选定每级转盘的轴长，计算级数；⑤ 根据转盘总长度，计算氧化槽有效面积；⑥ 核算停留时间；⑦ 计算转盘转速；⑧ 计算转盘轴功率。

1. 转盘总面积

转盘总面积是盘片表面积之和，即转盘上生物膜的总面积。计算方法有面积负荷率法、经验公式法、经验图表法和动力学方程法等。这里只介绍面积负荷率法。

面积有机负荷率指的是在达到预期处理效果的前提下，单位盘片表面积单位时间内所能接受的有机物量。可先通过试验或经验确定面积负荷率，再用式（4-1）计算转盘总面积。

$$A=\frac{Qc_{s0}}{N_A} \tag{4-1}$$

式中：A —— 生物转盘总面积，m^2；

Q —— 滤池进水流量，m^3/d；

c_{s0} —— 进水有机物浓度，kg/m^3；

N_A —— 面积有机负荷率，kg BOD_5/（m^2•d）。

某些污水用生物转盘处理的面积有机负荷率见表 4-12。

表 4-12 采用生物转盘处理某些企业污水的面积有机负荷率

污水性质	处理程度（出水 BOD_5，mg/L）	面积负荷[kg BOD_5/（m^2·d）]	资料来源
生活污水	≤60 ≤30	20～40 10～20	国外资料
煮炼废水	≤60	12～16 30～40	益阳、株洲麻纺织厂 上海麻实验厂
染色废水	≤30	20 128～255	南京织布厂 上海第三印绸厂
生活污水	10 16	4 69 79 164	国营长空机械厂 北京结核病医院

2．转盘片数

$$m = \frac{4A}{\pi D^2} \tag{4-2}$$

式中：m——盘片数，片；

D——转盘直径，m，取 2～3 m，最大 5 m。

3．转盘长度

$$L_1 = (n-1)l + n\delta \tag{4-3}$$

式中：L_1——转盘总长度，即第一个与最后一个盘片外表面间的距离，m，每根轴长不超过 5～7 m；

l——盘片间净距离，m，取 10～35 mm，进水端取 25～35 mm，出水端取 10～20 mm，若需光照培养藻类则可取 65 mm；

δ——盘片厚度，m。

4．氧化槽有效长度

$$L = kL_1 = k[(n-1)l + n\delta] \tag{4-4}$$

式中：L——氧化槽有效长度，m；

k——长度放大系数，一般取 1.2。

氧化槽有效容积横断面为半圆形的氧化槽，可参考图 4-12 计算其有效面积。

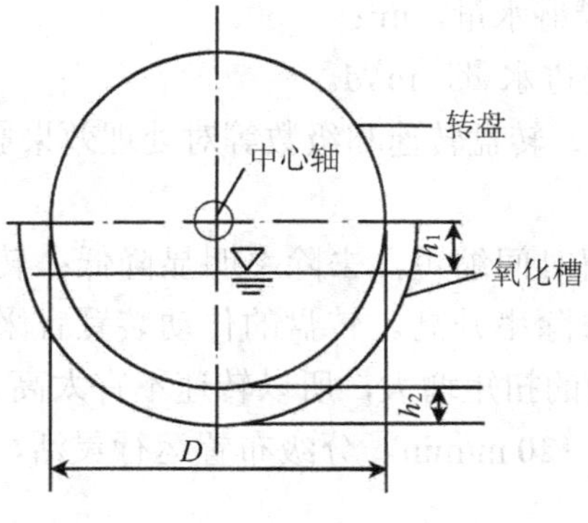

图 4-12　氧化槽横断面

（1）氧化槽过水断面积。

$$A' \approx \frac{\pi}{8}(D + 2h_2)^2 - (D + 2h_2)h_1 \tag{4-5}$$

式中：A'——氧化槽过水断面积，m^2；

D—— 生物转盘直径，m；

h_1—— 转盘轴心离槽中水面的垂直距离，m，当 h_1/D=0.06～0.1 时，$h_1 \geq 15$ mm；

h_2—— 转盘外缘离槽内壁的距离，m，一般取 20～40 mm。

（2）氧化槽有效容积。

$$V=A'L \approx k\left[\frac{\pi}{8}(D+2h_2)^2-(D+2h_2)h_1\right]\cdot[(n-1)l+n\delta] \quad (4\text{-}6)$$

式中：V—— 氧化槽有效容积，m^3。

5．氧化槽盛水量

$$V_W=A'(L-n\delta) \approx \left[\frac{\pi}{8}(D+2h_2)^2-(D+2h_2)h_1\right]\cdot[k(n-1)l+n(k-1)\delta] \quad (4\text{-}7)$$

式中：V_W—— 氧化槽盛水量，m^3。

6．校核停留时间

$$t=\frac{V_W}{Q} \quad (4\text{-}8)$$

式中：t—— 污水在氧化槽中的停留时间，h，适宜值为 0.5～2.5 h。

7．转盘转速

$$n=\frac{6.37}{D}\left(0.9-\frac{V_W}{Q}\right) \quad (4\text{-}9)$$

式中：n—— 转盘转速，r/min；

V_W—— 每个氧化槽盛水量，m^3；

Q—— 每个氧化槽进水量，m^3/d。

实践证明，水力负荷、转盘转速和级数等对处理效果影响较大，设计时要特别注意。

水力负荷增大，停留时间缩短，去除率明显降低；转盘转速增大，供氧能力增强，传质速度加快，去除率升高。转盘的传动装置宜采用无级变速。转速增大时，动力消耗提高，转轴的扭矩增大，所以转速不宜太高，一般为 0.8～3.0 r/min；宜控制边缘线速度在 10～20 m/min。分级布置运行灵活，处理效率高，设计时应尽量考虑。

8．设计实例

今有一废水 BOD_5 浓度为 200 mg/L，水量为 500 m^3/d，现决定用生物转盘处理，盘片面积 5 000 m^2，浸水面积 40%，试求处理出水的 BOD_5 浓度和 BOD_5 降解率。

（1）生物转盘的 BOD 负荷量：

$$N_1=\frac{0.2\times 500}{5\,000}=0.02\ \text{kg BOD}/[\text{m}^2\text{（盘片）}\cdot \text{d}]$$

（2）单位面积盘片去除的 BOD 量（L_r）：

由于 N_1＝20 g BOD/[m^2（盘片）·d]＜30 g BOD/（m^2·d），则有：

$$L_r=1.146\times20^{0.9043}=1.146\times15.01=17.2\ \text{g BOD/[m}^2\text{（盘片）}\cdot\text{d]}$$

（3）单位面积盘片上残留的 BOD 负荷（N_e）：

$$N_e=20-17.2=2.8\ \text{g BOD/[m}^2\text{（盘片）}\cdot\text{d]}$$

（4）处理水 BOD_5 质量浓度：

$$L_e=200\times2.8/20=28\ \text{mg/L}$$

（5）BOD 降解率：

$$E=\frac{200-28}{200}\times100\%=86.0\%$$

最后，我们将生物转盘设计计算及图例归纳为表 4-13、表 4-14 及图 4-13。

表 4-13　生物转盘主要设计参数

项目名称	数值	单位	备注
（1）污水在氧化槽中的停留时间（t）	一般 0.25～2.0	h	特殊工业废水如造纸废水等的停留时间可选 3～4 h
（2）BOD_5 盘面负荷（N）	10 左右	g BOD_5/（m^2·d）	仅适于生活污水，此时 BOD 去除率可达 90% 以上，工业废水根据去除率要求不同，负荷值相差较大，须通过试验测得
（3）盘片直径（D）	2～3	m	
（4）盘片厚度（a）	1～5	mm	聚苯乙烯泡沫塑料：10～15 mm；硬聚氯乙烯板：3～5 mm；玻璃钢：1～2.5 mm；金属板：≤1 mm
（5）进出水段长度	进水段 25～35 出水段 10～20	mm	
（6）转盘与氧化槽表面距离（c）	≥150	mm	一般按 0.1D 考虑
（7）转轴中心与氧化槽水面的距离（d）	$\frac{d}{D}=0.05\sim0.10$ $d\geqslant150$	mm	
（8）转盘转速（n）	0.8～3.0	r/min	线速度为 15～8 m/min
（9）转盘浸没率	20%～40%		即转盘浸没在水中的面积与转盘总面积之比
（10）转盘产泥量	0.3～0.5	kg 污泥/kg BOD_5	
（11）转盘级数	≥3	级	按同时工作考虑
（12）转盘组数	≥2	组	

表 4-14　生物转盘设计计算表

名称	公式		单位	符号说明
（1）转盘总面积	按盘面 BOD 负荷计算	$F=\dfrac{Q(L_a-L_e)}{N}$	m^2	Q—平均日污水量，m^3/d； L_a、L_e—进水、出水 BOD 值，kg/m^3； N—BOD 盘面负荷，kg BOD/（$m^2\cdot d$）； q—水力负荷，m^3/（$m^2\cdot d$）； D—盘片直径，m； n—转盘组数； a—盘片厚度，m； b—盘片净距，m； K—考虑循环沟道的系数，取 1.2； C—转盘与氧化槽表面净距，m； n_0—转盘最小转速，r/min； Q'—每个氧化槽污水量，m^3/d； R—转盘半径，cm； α—同一电机带动的转轴数
	按水力负荷计算	$F=Q/q$		
（2）转盘盘片数	$m=\dfrac{4F}{2\pi D^3}=0.637\dfrac{F}{D^3}$		片	
（3）每组转盘的片数	$m_1=\dfrac{m}{n}=\dfrac{0.637F}{nD^3}$		片	
（4）氧化槽有效长度（每组转盘的轴有效长度）	$L=m_1(a+b)K$		m	
（5）每个氧化槽的有效容积	$V=0.32(D+2C)^2L$		m^3	
（6）每个氧化槽的净有效容积	$V'=0.32(D+2C)^2(L-m_1a)$		m^3	
（7）每个氧化槽有效宽度	$B=D+2C$		m	β—生物膜厚度系数， 当膜厚为 0～1 mm，β=2； 当膜厚为 1～2 mm，β=3； 当膜厚为 2～3 mm，β=4
（8）转盘的转速	$n\geqslant n_0=\dfrac{6.37}{D}(0.9-\dfrac{V'}{Q'})$		r/min	
（9）电动机效率	$N_P=\dfrac{3.85R^4n_0^2}{b\times 110}m_1\alpha\beta$		kW	
（10）污水在氧化槽中的停留时间	$t=\dfrac{V'}{Q'}\times 24$		h	

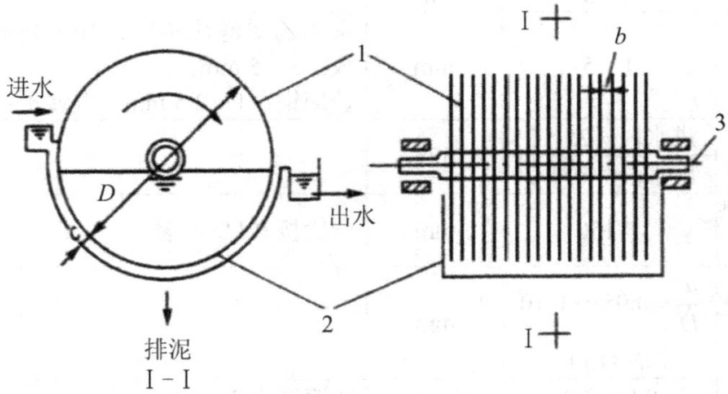

1—盘体；2—氧化槽；3—转轴

图 4-13　生物转盘

第七节　活性炭吸附器设计

吸附是一种物质在另一种物质表面上进行自动累积或浓集的现象。它可发生在气—液、气—固、固—液两相之间。

吸附法就是利用多孔性的固体物质，使水中一种或多种物质被吸附在固体表面而将其去除的方法。吸附法可有效完成对水的多种净化功能，例如脱色、脱臭，脱除重金属离子、放射性元素，脱除多种难以用一般方法处理的剧毒或难生物降解的有机物等。

具有吸附能力的多孔性固体物质称为吸附剂，例如活性炭、磺化煤、焦炭、煤渣、吸附树脂、木屑等，其中以活性炭的使用最为普遍。而废水中被吸附的物质则称为吸附质。在水处理领域，吸附处理可作为离子交换、膜分离技术处理系统的预处理单元，用以分离去除对后续处理单元有毒害作用的有机物、胶体和离子型物质，还可以作为三级处理后出水的深度处理单元，以获取高质量的处理出水，进而实现废水的资源化应用。

利用吸附法进行水处理，具有适应范围广、处理效果好、可回收有用物料、吸附剂可再生利用等特点；同时吸附法对进水的预处理要求较为严格，系统庞大、操作复杂、运行费用较高。

一、吸附原理及类型

溶质从水中移向固体颗粒表面发生吸附，主要是水、溶质和固体颗粒三者相互作用的结果。引起吸附的原因主要是溶质对水的疏水特性和溶质对固体颗粒的高度亲和力。溶质的溶解程度是确定其疏水特性的重要因素。溶质的溶解度越大，其向吸附界面运动的可能性就越小。溶质对固体颗粒的高度亲和力，表现为吸附剂表面的吸附力，由分子间引力（范德华力）、化学键力和静电引力引起，因此，吸附可分为三种类型：物理吸附、化学吸附和交换吸附。

1．物理吸附

物理吸附是溶质与吸附剂之间的分子间引力产生的吸附过程，它是一种常见的吸附现象。物理吸附的特点是：过程为放热反应，但放热量较小；没有特定的选择性，由于物质间普遍存在着分子引力，同一种吸附剂可以吸附多种吸附质，可以是单分子层吸附，也可以是多分子层吸附，但吸附的牢固程度不如化学吸附；吸附的动力来自分子间引力，吸附力较小，因而在较低温度下就可以进行；被吸附的物质由于分子的热运动会脱离吸附剂表面而发生自由转移，出现解吸现象，所以吸附质在吸附剂表面可以较易解吸。

2．化学吸附

化学吸附是吸附质与吸附剂之间通过化学键力作用使化学性质改变而引起的吸附过程。化学吸附的特征为：吸附热大，相当于化学反应热；有选择性，一种吸附剂只能对一种或几种吸附质发生吸附作用，且只能形成单分子层吸附；化学吸附比较稳定，当吸附的化学键力较大时，吸附反应为不可逆；吸附剂表面的化学性能、吸附质的化学性质以及温度条件等，对化学吸附有较大的影响。

3．交换吸附

交换吸附是指溶质的离子由于静电引力聚集到吸附剂表面的带电点上，同时吸附剂表面原先固定在这些带电点上的其他离子被置换出来。离子所带电荷越多，吸附越强。电荷相同的离子，其水化半径越小，越易被吸附。

大多数的吸附现象往往是上述三种吸附作用的综合结果，只是由于溶质、吸附剂以及吸附温度等具体吸附条件的不同，使得某种吸附占主要地位而已。在具体吸附处理中，由于各种因素的影响，可能其中某种作用是主要的。

二、吸附平衡与吸附等温线

对于一个可逆的吸附过程，当废水与吸附剂充分接触后，在溶液中的吸附质被吸附剂吸附，同时，由于热运动，一部分已被吸附的吸附质，脱离吸附剂的表面，又回到液相中去。这种吸附质被吸附剂吸附的过程称为吸附过程；已被吸附的吸附质脱离吸附剂的表面又回到液相中去的过程称为解吸过程。当吸附速度和解吸速度相等时，即单位时间内吸附的数量等于解吸的数量时，则吸附质在溶液中的浓度和吸附剂表面上的浓度都不再改变而达到平衡，即达到动态的吸附平衡。此时吸附质在溶液中的浓度称为平衡浓度。

吸附剂吸附能力的大小以吸附容量 q_e（g/g）表示。所谓吸附容量是指单位质量的吸附剂（g）所吸附的吸附质的质量（g）。吸附量可用下式计算：

$$q=\frac{V(c_0-c)}{m} \tag{4-10}$$

式中：q —— 吸附剂的平衡吸附容量，g/g；

V —— 溶液体积，L；

c_0 —— 溶液的初始吸附质浓度，g/L；

c —— 吸附平衡时的吸附质浓度，g/L；

m —— 吸附剂投加量，g。

在温度一定的条件下，吸附容量随吸附质平衡浓度的提高而增加，吸附容量随平衡浓度而变化的曲线，则称为吸附等温线。

吸附容量是选择吸附剂和设计吸附设备的重要数据。这些指标虽然表示吸附剂对该吸附质的吸附能力，但这些指标与对水中吸附质的吸附能力不一定相符，因此还应通过试验确定吸附容量，进行设备的设计。

吸附剂对吸附质的吸附效果，一般用吸附容量和吸附速度来衡量。吸附速度是指单位质量的吸附剂在单位时间内所吸附的物质的量。吸附速度属于吸附动力学范畴，对于吸附处理工艺具有实际意义。吸附速度决定了水和吸附剂的接触时间。吸附速度决定于吸附剂对吸附质的吸附过程。水中多孔的吸附剂对吸附质的吸附过程可分为三个阶段：

颗粒外部扩散（又称膜扩散）阶段。吸附质首先通过吸附剂颗粒周围存在的液膜，到达吸附剂的外表面。

颗粒内部扩散阶段。吸附质由吸附剂外表面向细孔深处扩散。

吸附反应阶段。吸附质被吸附在细孔内表面上。

在一般情况下，由于第三阶段进行的吸附反应速度很快，因此，吸附速度主要由液膜扩散速度和颗粒内部扩散速度来控制。颗粒外部扩散速度与溶液浓度、吸附剂的外表面积成正比，溶液浓度越高、颗粒直径越小、搅动程度越大，吸附速度越快，扩散速度就越大。颗粒内部扩散速度与吸附剂细孔的大小、构造，吸附剂颗粒大小、构造等因素有关。

三、吸附过程的影响因素

了解影响吸附的因素的目的是选择比较合适的吸附剂，并控制其操作条件。在吸附的实际应用中，若要达到预期的吸附净化效果，除了需要针对所处理的废水性质选择合适的吸附剂外，还必须将处理系统控制在最佳的操作工艺条件下。影响吸附的因素主要有吸附剂的性质和吸附过程的操作条件等。

1. 吸附剂的性质

吸附剂的性质主要有比表面积、种类、极性、颗粒大小、细孔的构造和分布情况及表面化学性质等。吸附是一种表面现象，比表面积越大、颗粒越小，吸附容量就越大，吸附能力就越强。吸附剂表面化学结构和表面荷电性质，对吸附过程也有较大影响。一般极性分子（或离子）型的吸附剂易吸附极性分子（或离子）型的吸附质。用于水处理的活性炭应有三项要求：吸附容量大、吸附速度快、机械强度好。活性炭的吸附容量除其他外界条件外，主要与活性炭比表面积有关，比表面积大，微孔数量多，可吸附在细孔壁上的吸附质就多。吸附速度主要与粒度及细孔分布有关，水处理用的活性炭，要求过渡孔（半径20～1 000Å）较为发达，有利于吸附质向微细孔中扩散。活性炭的粒度越小吸附速度越快，一般在8～30目较宜，活性炭的机械耐磨强度，直接影响活性炭的使用寿命。

2. 吸附过程的操作条件

吸附过程的操作条件主要包括水的温度、pH、共存物质、接触时间等。

（1）温度。吸附过程是放热过程，所以低温有利于吸附，特别是以物理吸附为主的场合。吸附过程的热效应较低，在通常情况下温度变化并不明显，因而温度对吸附过程的影响不大。而在活性炭再生时，需要通过大幅度加温以促使吸附质解吸。

（2）pH。pH 会影响吸附质在水中的离解度、溶解度及其存在状态，同样会影响吸附剂表面的荷电性和其他化学特性，进而影响吸附的效果。不同的污染物吸附的最佳 pH 应通过试验确定。

（3）共存物质。物理吸附过程中，吸附剂可对多种吸附质产生吸附作用，所以多种吸附质共存时，吸附剂对其中任一种吸附质的吸附能力，都要低于组分浓度相同但只含有该吸附质时的吸附能力，即每种溶质都会以某种方式与其他溶质竞争吸附活性中心点。另外废水中有油类或悬浮物质存在时，油类物质会在吸附剂表面形成油膜，对膜扩散产生影响；悬浮物质会堵塞吸附剂孔隙，对孔隙扩散产生干扰和阻碍作用，故应采取预处理措施。

（4）接触时间。只有有足够的时间使吸附剂和吸附质接触，才能达到吸附平衡，吸附剂的吸附能力才能得到充分利用。达到吸附平衡所需要的时间长短取决于吸附操作，吸附速度快，达到平衡所需要的接触时间就越短。

四、吸附剂及其再生

1．吸附剂的表面特性

由于吸附可看成是一种表面现象，所以与吸附剂的表面特性有密切的关系。采用吸附的方法进行水处理，实质上是利用吸附剂的吸附特性实现对污染物的分离。吸附剂性能的好坏，选用的吸附剂是否适用于处理对象，对于吸附效率的影响较大。吸附剂的表面特性有以下几个方面：

（1）比表面积。单位重量的吸附剂所具有的表面积称为比表面积（m^2/g），随着物质孔隙的多少而变化。比表面积越大，吸附能力越强，一般比表面积随物质多孔性的增大而增大。多孔性活性炭的比表面积可达 1 000 m^2/g 以上，在水处理中是一种良好的吸附剂。

（2）表面能。液体或固体物质内部的分子受它周围分子的引力在各个方向上都是均衡的，一般内层分子之间引力大于外层分子引力，故一种物质的表面分子比内部分子具有多余的能量，称为表面能。固体表面由于具有表面能，因此可以引起表面吸附作用。

（3）表面化学性质。在固体表面上的吸附除与其比表面积有关外，还与固体所具有的晶体结构中的化学键有关。固体对溶液中电解质离子的选择性吸附就与这种特性有关。

固体比表面积的大小只提供了被吸附物与吸附剂之间的接触机会，表面能从能量的角度研究吸附表面过程自动发生的原因，而吸附剂表面的化学状态在各种特性吸附中起着重要的作用。

2．吸附剂的选择要求及吸附剂的种类

除了吸附剂的表面特性外，还需要满足以下技术经济性能的要求：吸附选择性好；吸附容量大；吸附平衡浓度低；机械强度高；化学性质稳定；容易再生和再利用；制作原料来源广泛，价格低廉。

可用于水处理的吸附剂种类很多，包括活性炭、磺化煤、焦炭、煤灰、炉渣、硅藻土、白土、沸石、麦饭石、木屑、腐殖酸、氧化硅、活性氧化铝、树脂吸附剂等。其中应用较为广泛的是活性炭、吸附树脂和腐殖酸类吸附剂。

活性炭是目前应用最为广泛的吸附剂。活性炭是用以含炭为主的物质，以煤、木屑、果壳以及含碳的有机废渣等作原料，经高温炭化和活化制得的疏水性吸附剂。在制造过程中以活化过程最为重要，根据活化方式可分为药剂活化法及气体活化法。根据活性炭形状，可以分为粉性炭、粒状炭（包括无定形碳、柱状炭、球形炭等）；根据制造方法可以分为药剂活性炭（大部分为 $ZnCl_2$ 活化的粉状炭）、气体活性炭（水蒸气活化的粉状炭和粒状炭）；根据用途分为液相吸附炭和气相吸附炭。

活性炭外观为暗黑色，具有良好的吸附性能，化学稳定性好，可耐强酸及强碱，能经受水浸、高温。比重比水轻，是多孔性的疏水性吸附剂。

活性炭在制造过程中，挥发性有机物去除后，晶格间生成的空隙形成许多形状和大小不同的细孔。这些细孔壁的总表面积（比表面积）一般高达 500～1 700 m²/g，这就是活性炭吸附能力强、吸附容量大的主要原因。表面积相同的炭，对同一种物质的吸附容量有时也不同，这与活性炭的细孔结构和细孔分布有关。细孔构造随原料、活化方法、活化条件不同而异，一般可以根据细孔半径的大小分为 3 种：大微孔，半径 100～10 000 nm；过渡孔，半径 2～100 nm；小微孔，半径小于 2 nm。一般活性炭的小微孔容积为 0.15～0.90 mL/g，其表面积占总面积的 95%以上，对吸附量的影响最大，与其他吸附剂相比，具有小微孔特别发达的特征；过渡孔的容积为 0.02～0.10 mL/g，其表面积通常不超过总表面积的 5%；大微孔容积为 0.2～0.5 mL/g，其表面积仅有 0.5～5 m²/g，对于液相物理吸附，大微孔的作用不大，但作为触媒载体时，大微孔的作用甚为显著。

活性炭的吸附特性，不仅受细孔结构而且受活性炭表面化学性质的影响。在组成活性炭的元素中，炭占 70%～95%，此外还含有两种混合物，一种是在原料中本来就存在的炭化过程中因不完全炭化而残留在活性炭结构中，或在活化时以化学键结合的氧和氢；另一种是灰分，构成活性炭的无机部分。灰分的含量及组成与活性炭的种类有关，椰壳炭的灰分在 3%左右，煤质炭的灰分高达 20%～30%。活性炭的灰分对活性炭吸附水溶液中有些电解质和非电解质有催化作用。活性炭含硫较低，活化质量好的炭不应检出硫化物，氮的含量极微。

3．吸附剂的再生

吸附剂的再生，就是在吸附剂本身结构不发生或极少发生变化的情况下，用某种方法将被吸附的物质，从吸附剂的细孔中除去，以达到能够重复使用的目的。

活性炭的再生方法有加热法、蒸气法、溶剂法、臭氧氧化法、生物法等。

（1）加热再生法。这是粒状活性炭最常用、最有效的再生方法。加热再生法分低温和高温两种方法。

低温法适于吸附浓度较高的简单低分子量的碳氢化合物和芳香族有机物的活性炭的再生。由于沸点较低，一般加热到 200℃即可脱附。一般采用水蒸气再生，可直接在塔内进行再生。被吸附有机物脱附后可利用。

高温法适于水处理粒状炭的再生；高温加热再生过程一般分 5 步进行：

首先，进行脱水，使活性炭和输送液体进行分离；其次，进行干燥处理，加温到 100～150℃，将吸附在活性炭细孔中的水分蒸发出来，同时部分低沸点的有机物也能够挥发出来；第三步进行炭化，继续加热到 300～700℃，高沸点的有机物由于热分解，一部分成为低沸点的有机物进行挥发，另一部分被炭化，留在活性炭的细孔中；第四步进行活化处理，将炭化后留在活性炭细孔中的残留炭，用活化气体（如水蒸气、二氧化碳及氧气）进行汽化，达到重新造孔的目的。活化温度一般为 700～1 000℃。最后一步，进行冷却处理，活化后的活性炭用水急剧冷却，防止氧化。

活性炭高温加热再生系统由再生炉、活性炭贮罐、活性炭输送及脱水装置等组成。又分为干式系统和湿式系统，干式加热再生系统如图 4-14 所示。

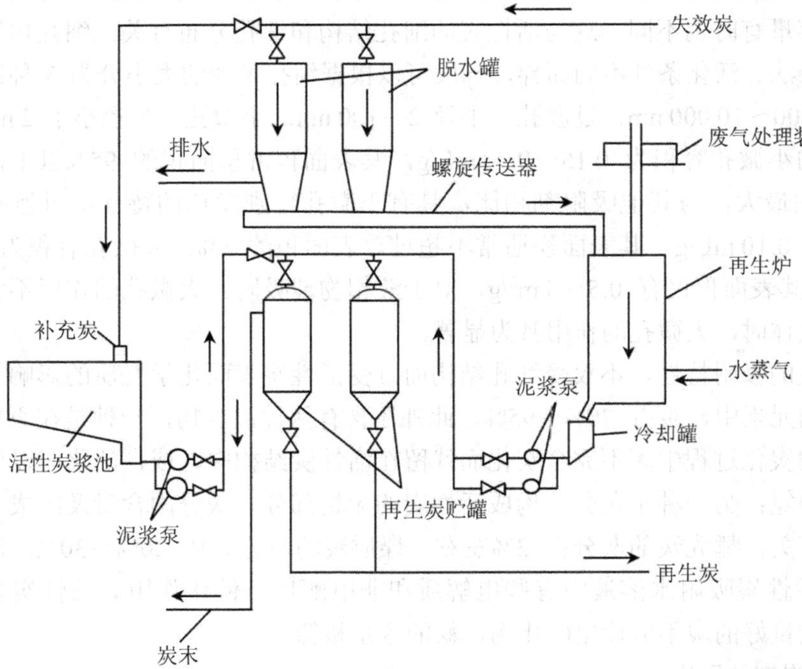

图 4-14　干式加热再生系统

（2）药剂再生法。药剂再生法分无机药剂再生法和有机溶剂再生法两类。

无机药剂再生法采用碱（NaOH）或无机酸（H_2SO_4、HCl）等无机药剂，使吸附在活性炭上的污染物脱附。如吸附高浓度酚的饱和炭，可以采用 NaOH 再生，脱附下来的酚为酚钠盐。

有机溶剂再生法用苯、丙酮及甲醇等有机溶剂萃取，吸附在活性炭上的有机物。例如：吸附含二硝基氯苯的染料废水的饱和活性炭，用有机溶剂氯苯脱附后，再用热蒸气吹扫氯苯。

药剂再生设备和操作管理简单，可在吸附塔内进行。但药剂再生，一般随再生次数的增加，会使活性炭吸附性能明显降低，需要补充新炭，废弃一部分饱和炭。

（3）氧化再生法。

① 湿式氧化法。吸附饱和的粉状炭可采用湿式氧化法进行再生。其工艺流程如图 4-15 所示。饱和炭用高压泵经换热器和加热器送入氧化反应塔。在塔内被活性炭吸附的有机物与空气中的氧反应，进行氧化分解，使活性炭得到再生。再生后的炭经热交换器冷却后，再送入再生贮槽。

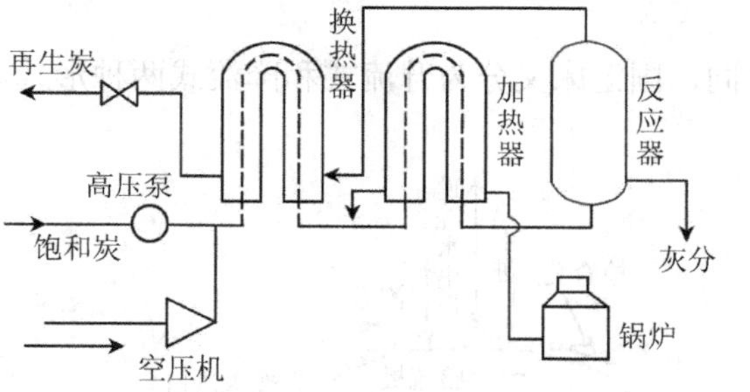

图 4-15 湿式氧化法再生工艺流程

② 电解氧化法。将炭作阳极，进行水的电解，在活性炭表面产生的氧气把吸附质氧化分解。

③ 臭氧氧化法。利用强氧化剂臭氧，将被活性炭吸附的有机物氧化分解。

④ 生物氧化法。利用微生物的作用，将吸附在活性炭上的有机物氧化分解。

五、吸附操作的方式

1. 吸附操作的方式

在水处理中，根据水的状态，可以将吸附操作分为静态吸附和动态吸附两种。

（1）静态吸附。静态吸附是指在水不流动的条件下进行的吸附操作。其操作的工艺过程是：把一定数量的吸附剂投入待处理的水中，不断进行搅拌，经过一定时间达到吸附平衡时，以静置沉淀或过滤方法实现固液分离。若一次吸附的出水不符合要求，可增加吸附剂用量、延长吸附时间或进行二次吸附，直到符合要求。

（2）动态吸附。动态吸附是在水流动条件下进行的吸附操作。其操作的工艺过程是：污水不断地流过装填有吸附剂的吸附床（柱、罐、塔），污水中的污染物和吸附剂接触并被吸附，在流出吸附床之前，污染物浓度降至处理要求值以下，直接获得净化出水。实际中的吸附处理系统一般都采用动态连续式吸附工艺。

2．吸附设备

水处理常用的动态吸附设备有固定床、移动床和流化床。

（1）固定床。是指在操作过程中吸附剂固定填放在吸附设备中，是水处理吸附工艺中最常用的一种方式。

固定床吸附工艺过程是，当污水连续流经吸附床（吸附塔或吸附池）时，待去除的污染物（吸附质）不断地被吸附剂吸附，吸附剂的数量足够多时，出水中的污染物浓度可降低到零。在实际运行过程中，随吸附过程的进行，吸附床上部饱和层厚度不断增加，下部新鲜吸附层则不断减少，出水中污染物浓度会逐渐增加，其浓度达到出水要求的限定值时，必须停止进水，转入吸附剂的再生程序。吸附和再生可在同一设备内交替进行，也可将失效的吸附剂卸出，送到再生设备进行再生。

根据水流方向不同，固定床又分为升流式和降流式两种形式。

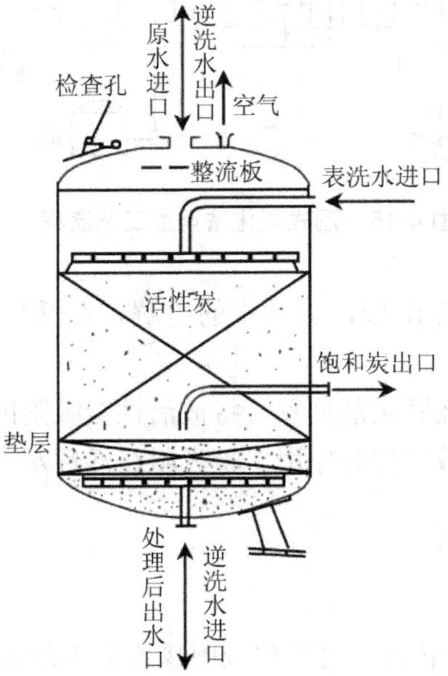

图 4-16　降流式固定床

降流式固定床如图 4-16 所示。降流式固定床的出水水质较好，但经过吸附层的水头损失较大，特别是处理含悬浮物较高的废水时，悬浮物易堵塞吸附层，所以要定期进行反冲洗。有时需要在吸附层上部设反冲洗设备。

在升流式固定床中，水头损失增大，可适当提高水流流速，使填充层稍有膨胀（上下层不能互相混合）就可以达到自清的目的。这种方式由于层内水头损失增加较慢，所以运行时间较长，但对废水入口处（底层）吸附层的冲洗不如降流式。流量变动或操作一时失误都会使吸附剂流失。

根据处理水量、原水的水质和处理要求的不同，固定床又可分为单床式、多床串联式和多床并联式三种，如图 4-17 所示。

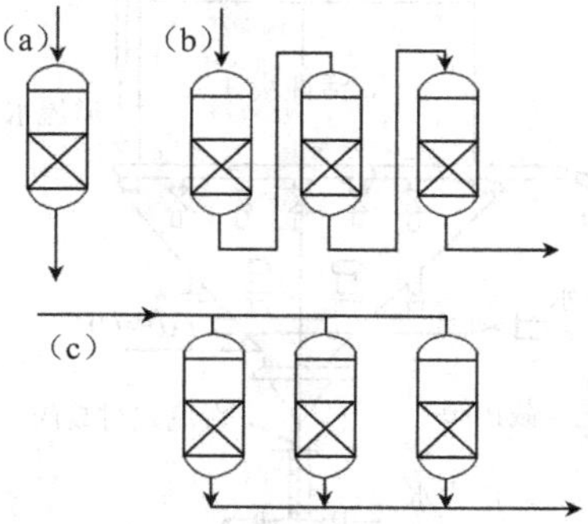

（a）单床式；（b）多床串联式；（c）多床并联式

图 4-17　固定床吸附操作类型

（2）移动床。指在操作过程中定期将接近饱和的吸附剂从吸附设备中排出，并同时加入等量的吸附剂，如图 4-18 所示。

移动床的工艺过程是：原水从吸附塔底部流入和吸附剂进行逆流接触，处理后的水从塔顶流出，再生后的吸附剂从塔顶加入，接近吸附饱和的吸附剂从塔底间歇地排出。这种方式较固定床能充分利用吸附剂的吸附容量，并且水头损失小。由于采用升流式，废水从塔底流入，从塔顶流出，被截留的悬浮物随饱和的吸附剂间歇地从塔底排出，故不需要反冲洗设备。但这种操作方式要求塔内吸附剂上下层不能互相混合。操作管理要求高。

移动床一次卸出的炭量一般为总填充量的 5%～20%，卸炭和投炭的频率与处理的水量和水质有关，从数小时到一周。在卸料的同时投加等量的再生炭或新炭。移动床高度可达 5～10 m。移动床进水的悬浮物浓度不大于 30 mg/L。移动床设备简单，出水水质好，占地面积小，操作管理方便，较大规模的废水处理多采用这种形式。

（3）流化床。指在操作过程中吸附剂悬浮于由下至上的水流中，处于膨胀状态或流化状态。被处理的废水与活性炭基本上也是逆流接触。流化床一般连续卸炭和投炭，空塔速度要求上下不混层，保持炭层成层状向下移动，所以运行操作要求严格。由于活性炭在水中处于膨胀状态，与水的接触面积大，因此用少量的炭就可以处理较多的废水，基建费用低。这种操作适于处理含悬浮物较多的废水，不需要进行反冲。

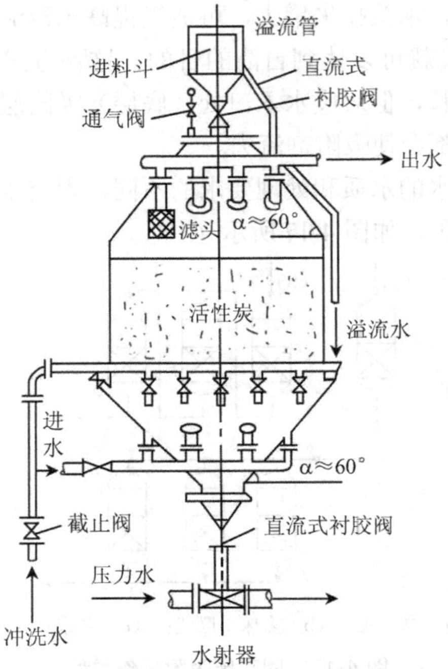

图 4-18　移动床吸附塔构造示意图

由于移动床、流化床操作较麻烦，在水处理中应用较少。

六、设计

当设计资料缺乏时，可通过静态吸附等温线试验，确定吸附剂类型及估算处理每立方米废水所需要吸附剂数量。再通过动态吸附穿透曲线试验确定设计参数。

吸附床的设计和运行方式的选择，在很大程度上取决于穿透曲线。穿透曲线是指出水浓度随时间变化作图所得到的曲线。动态吸附试验的工作过程如图 4-19 所示，通过监测不同吸附时间出水中吸附质的浓度，以出水中的吸附质浓度 c 为纵坐标，接触时间 t 为横坐标，把测定结果绘制成穿透由线。

当沿吸附柱不同高度，定时监测处理水中吸附质浓度或吸附剂中的吸附量时，可以发现吸附层分为 3 个区域：失去吸附能力的饱和区；正在吸附的吸附区；未吸附区。吸附过程的实质也就是吸附区沿水流方向向下移动的过程，当吸附区移动到柱底部时，吸附带的前沿达到柱内整个吸附剂层的下端，此时出水浓度不再保持 $c = 0$，开始出现污染物质，这一时刻就称为吸附柱工作的穿透点（c_b 点），此时必须停止进水，进行再生，若继续进行吸附，则出水吸附质浓度（c_d 点）很快上升至接近于进水浓度，吸附剂则完全饱和，失去其吸附能力。

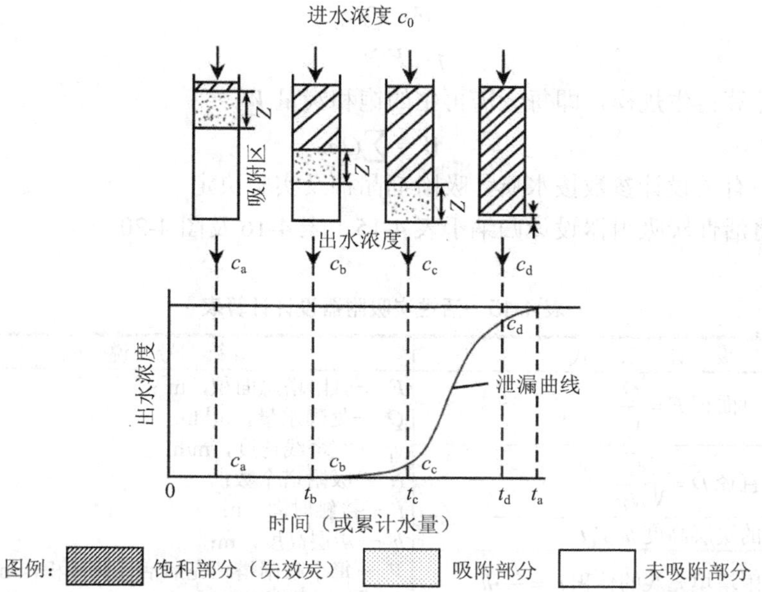

图 4-19　动态吸附试验的工作过程（穿透曲线）

如果以处理水的要求作为穿透点（c_c点），则吸附区厚度 Z 可以通过下式计算出：

$$Z = v(t_d - t_c) \tag{4-11}$$

式中：Z —— 吸附区厚度，m；

t_c —— 从进水开始到吸附层穿透的时间，h；

t_d —— 从进水开始到吸附层耗竭的时间，h；

v —— 滤速，即水流通过吸附层的速度，m/h。

吸附区厚度的影响因素有多种，如进水水质、滤速、吸附剂粒径、处理要求等。进水水质浓度越大，滤速和吸附剂粒径越大，处理要求越高，吸附区厚度就越大。吸附区内吸附剂的吸附能力只是部分被利用，其厚度是保证处理要求的最小厚度，厚度越大，吸附剂的利用率越低。在生产上需要通过试验确定合理的设计和运行参数。

吸附塔的设计方法有多种，一般以通水倍数法进行吸附塔的设计。

（1）选定吸附操作方式。

（2）参考经验数据，选择最佳空塔流速 v_L。

（3）根据吸附柱实验，求得通水倍数 n（单位质量吸附剂所能处理的水的质量）。

（4）根据水流速度和出水要求，选择最合适的炭层高度 H（或接触时间 t）。

（5）选择吸附装置的个数 N 以及使用方式。

（6）计算吸附塔总面积 F 和单个吸附塔的面积 f 。

$$F = Q/v_L \tag{4-12}$$

$$f = F/N \tag{4-13}$$

（7）计算再生规模，即每天需再生的饱和炭量 W。

$$W = \sum Q/n \tag{4-14}$$

工程中有关设计参数按水质、吸附剂品种及实验决定。

我们将活性炭吸附器设计归纳于表 4-15、表 4-16 及图 4-20。

表 4-15　活性炭吸附器设计计算表

设　计　公　式	符　号　说　明
（1）吸附塔总面积 $F=\dfrac{Q}{v_L}$	F —吸附塔总面积，m^2； Q —处理水量，m^3/h； v_L —空塔线速度，m/h； N —吸附塔个数； t —接触时间，h； h —炭层高度，m； V —每个吸附塔填充后活性炭体积，m^3； ρ —活性炭填充密度，t/m^3； G —单个塔填充活性炭的质量，t； W —每天需再生的活性炭质量，t； n —通水倍数，m^3/kg
（2）吸附塔直径 $D=\sqrt{\dfrac{4F}{N\pi}}$	
（3）吸附塔的炭层高度 $h=V_L t$	
（4）每个吸附塔填充炭的体积 $V=\dfrac{F}{N}\bullet h$	
（5）单塔填充炭的质量 $G=\rho V$	
（6）每天需再生的物料质量 $W=\dfrac{24Q}{n}$	

表 4-16　活性炭吸附器设计参数表

项　　目	设计参数取值范围
塔径	1～3.5 mm
接触时间	10～50 min
容积速度	2 $m^3/(h \cdot m^3)_{cgh}$（固定床）；5 $m^3/(h \cdot m^3)$ 以下（移动床）
线速度	2～10 m/h（固定床）；10～30 m/h（移动床）
填料层高与塔径比	1∶1～4∶1

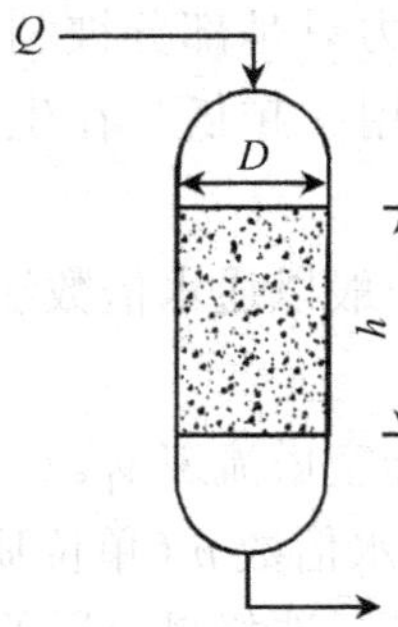

图 4-20　活性炭吸附器

第五章 城市水处理设施的运行操作与调试技术

本章以某城市污水处理厂为例，系统介绍了该城市污水处理系统工艺、设备及构筑物，工程的试运行、运行操作与调试，城市污水处理厂运营岗位职责、管理制度、巡视制度、操作规程。通过本章学习，结合城市污水处理厂的现场实训，能够使学生快速适应岗位要求。

第一节 水处理系统工艺、设备及构筑物

一、概述

某市开发区区位条件十分优越，距离中国第二大铁路编组站 1.8 km，距离中国民航干线机场 40 km，距离欧亚大陆桥东桥头堡连云港 1.5 h 车程，陇海铁路、京沪铁路、104 国道、310 国道、206 国道、京沪高速公路、连霍高速公路、京杭大运河等穿区而过，即将开工建设的京沪高速铁路、正在规划的陇海高速铁路在此交汇，经济圈内有 32 个地级以上大中城市，市场腹地十分广阔。

污水系统包括污水收集系统（包括污水管道及污水中途泵站）和污水处理厂。污水系统服务于该开发区，服务面积约 298.6 km^2，服务人口约 80 万。

根据总体规划，新建的污水处理厂设计总规模 60 万 m^3/d，近期规模 5 万 m^3/d，中期规模 20 万 m^3/d。污水厂处理工艺采用 A^2O 工艺，经处理后，水质达到国家《城镇污水处理厂污染物排放标准》（GB 18918—2002）二级标准。

1. 污水处理工艺选择原则

（1）技术成熟，运行可靠，满足处理出水要求。

（2）运行管理方便，运转灵活，对进水水量、水质的变化有相应的抗冲击能力及应变能力。

（3）经济合理，在满足处理要求的前提下，节约基建投资和运行管理费用。

（4）工艺配套设备技术先进、质量可靠，并有广泛的选择余地。

（5）针对污水处理厂水量逐渐增加的情况，采取相应的实施措施，保证进污水处理厂的污水能够达标排放。

（6）尽可能避免废弃工程。

2．污泥处理工艺选择原则

（1）由于生物除磷工艺是通过聚磷菌的过量吸磷作用达到除磷的目的，而在厌氧条件下，磷会从聚磷菌释放出来，因此，选择污泥处理工艺应尽量避免该现象发生。

（2）在污泥近期进行减量的同时，考虑到将来污泥进一步进行稳定化、无害化和资源化处理的可能性，在污泥处理区内，预留出相应用地。

（3）从环境角度，妥善处置污泥，减少二次污染。

（4）从资源角度，化害为利，综合利用，达到人与自然和谐发展。

3．设计方案

根据工程实际情况，污水处理厂构筑物分组及近期实施见表 5-1。

表 5-1　构筑物分组及近期实施表

构筑物名称	土建/（万 m^3/d）	设备/（万 m^3/d）
进水泵房	20	5
曝气沉砂池	10	5
生物反应池	5	5
二沉配水井及污泥泵房	10	5
二沉池	5	5
加氯间	20	5
加氯接触池	10	10
出口泵房	10	5
鼓风机房	20	5
贮泥池	10	5
污泥浓缩脱水机房	20	5

生物反应池分组：因污水处理厂进水水量的增长有一定的变化过程，故生物反应池原有 5 万 m^3/d 一组，宜再进行分组。受场地限制，结合工程总规划，10 万 m^3/d 曝气池分 2 组，每组分 2 池，共 4 池，单池流量 2.5 万 m^3/d，近期建 1 组，以适应近期水流量时生物反应池的正常运行。

常规活性污泥法能满足 COD_{Cr}、BOD_5、SS 的去除率，但对氮、磷的去除率有一定的限度，仅从常规活性污泥法剩余污泥中排除氮、磷，其去除总氮为 15%～25%，由于污水中总氮的氨化，氨氮去除率很低，往往不能去除氨氮，总磷一般去除 10%～25%，达不到出水水质标准。而根据出水二级排放要求，NH_3—N 出水水质为 25 mg/L，去除率为 11%；TP 出水水质为 3 mg/L，去除率为 50%。因此本工程必须采用以除炭为主，带有硝化作用及除磷作用的活性污泥工艺。

考虑到进水水质有可能发生变化，近期水量较小，采用多模式 A^2O 处理工艺。即 3 组完全硝化 A^2O 池，每组 1.67 万 m^3/d（可满足 1 万 m^3/d 左右小水量的污水处理要求），停留时间约 15.6 h；1 组为不硝化的 5 万 m^3/d A/O 池，停留时间约 5.2 h，常规曝气出水。4 组平均停留时间约 10.4 h，4 组池子出水混合后，达标排放。同时为满足 5 万 m^3/d 的污水处理要求，近期 1.67 万 m^3/d 构筑物通过 2.5 万 m^3/d 水量，变化为不完全的 A^2O。内回流泵缓建，仅对外回流污泥进行反硝化，设停留时间 1.0 h 的选择池用于保证除磷和二沉池沉淀的效果。好氧区停留约 7.4 h，好氧区泥龄 10.3 d，以保证好氧池进入硝化状况，使 NH_3—N 出水低于 25 mg/L。

污水处理厂工艺流程图见图 5-1，平面布置图见图 5-2。

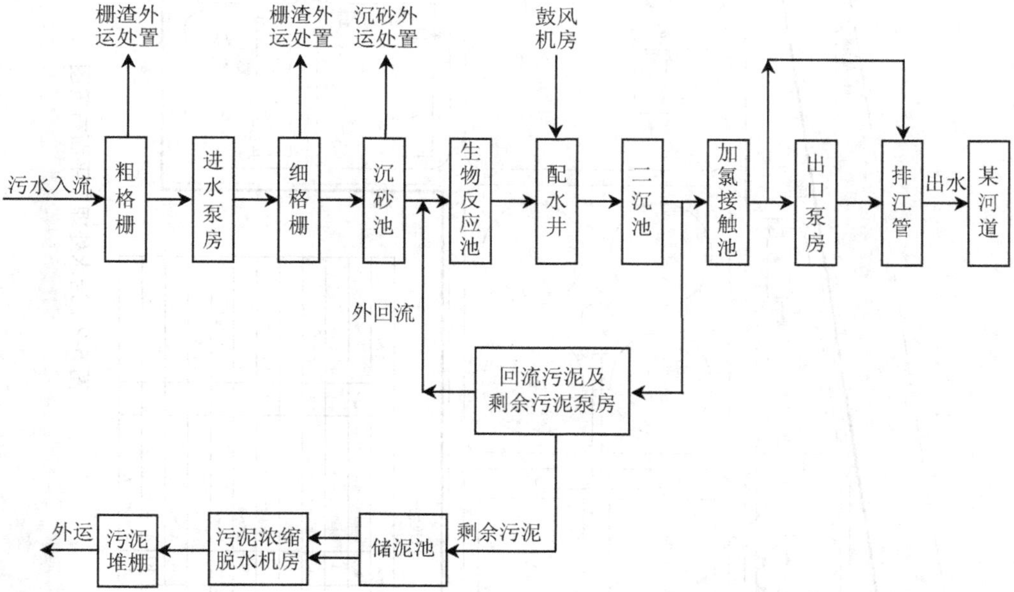

图 5-1 污水处理厂工艺流程

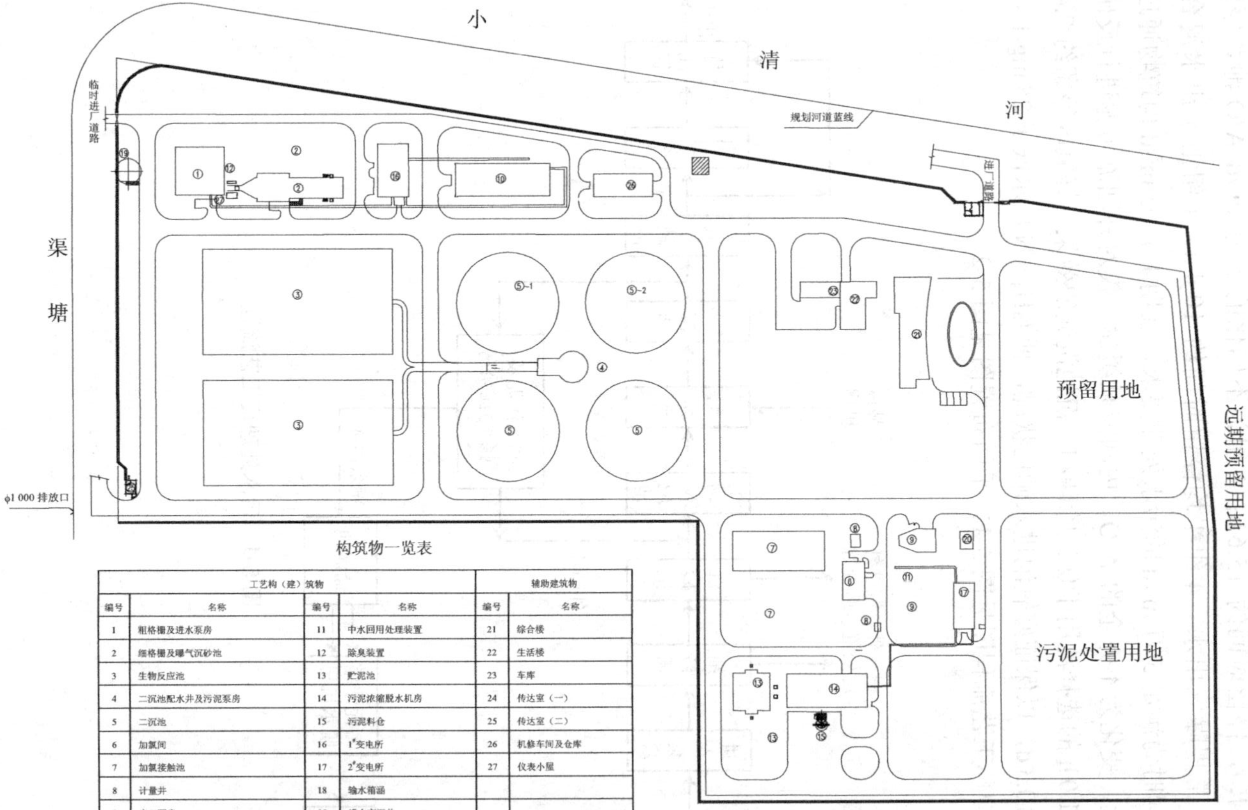

构筑物一览表

工艺构（建）筑物				辅助建筑物	
编号	名称	编号	名称	编号	名称
1	粗格栅及进水泵房	11	中水回用处理装置	21	综合楼
2	细格栅及曝气沉砂池	12	除臭装置	22	生活楼
3	生物反应池	13	贮泥池	23	车库
4	二沉池配水井及污泥泵房	14	污泥浓缩脱水机房	24	传达室（一）
5	二沉池	15	污泥料仓	25	传达室（二）
6	加氯间	16	1#变电所	26	机修车间及仓库
7	加氯接触池	17	2#变电所	27	仪表小屋
8	计量井	18	输水箱涵		
9	出口泵房	19	进水交汇井		
10	鼓风机房	20	高位井及排江管		

图 5-2　污水处理厂平面布置图

二、主要工艺设计参数

1. 污水部分

（1）粗格栅及进水泵房（土建 20 万 m^3/d，设备 5 万 m^3/d）。

设计流量：平均流量 0.58 m^3/s，高峰流量 0.80 m^3/s

栅条间隙：20 mm

潜污泵数量：3 台（2 用 1 备）

潜污泵流量：Q=375 L/s

潜污泵扬程：H=14.1 m

（2）细格栅与曝气沉砂池（土建 10 万 m^3/d，设备 5 万 m^3/d）。

细格栅台数：2 台

栅条间隙：6 mm

安装角度：35°

曝气沉砂池座数：2 座

曝气沉砂池停留时间：6 min

曝气量：0.2 m^3/m^3（水）

沉砂池尺寸：22.5 m×4 m

有效水深：3 m

近期沉砂池作为沉淀池时，Q=6 500 m^3/d，水力负荷 1.5 $m^3/(m^2 \cdot h)$。

（3）生物反应池（10 万 m^3/d 分为 4 池，其中 3 池 1.67 万 m^3/d 采用 A^2O 工艺，1 池 5 万 m^3/d 采用 A/O 工艺，近期实施 2 池，按不完全 A^2O 运行，处理能力为 5 万 m^3/d，不设内回流泵）。

池数：1 组（每组分 2 池）

设计最低水温：12℃

好氧池泥龄：10.3 d

设计综合泥龄：14.4 d

好氧区污泥负荷：0.22 kg BOD_5/（kgMLSS·d）

综合污泥负荷：0.14 kg BOD_5/（kgMLSS·d）

MLSS：3.0 g/L

剩余污泥产率：0.6 /去除 kg BOD_5

每组池子有效容积：21 600 m^3

池长：80 m

有效水深：6.0 m

厌氧区总的有效容积：2 060 m^3（近期作为选择池）

缺氧区总的有效容积：4 120 m^3（近期作为厌氧池）

好氧区总的有效容积：15 420 m^3

总水力停留时间：近期 10.4 h（其中好氧区 7.4 h），远期 15.6 h

平均时需氧量：7 579 kgO_2/d

最大时供气量：220 m^3/min

气水比：6.4∶1

污泥外回流比：35%～100%

单组污泥回流泵：4 台（3 用 1 库备）

单泵流量：193 L/s

扬程：3.0 m

剩余污泥总量：4 450 kgDs/d

剩余污泥含水率：99.3%

剩余污泥总体积：643 m^3

剩余污泥泵：2 台（1 用 1 库备）

工作时间：6 h

单泵流量：30 L/s

扬程：6.0 m

微孔曝气器：4 400 只

（4）二沉池配水井（土建 10 万 m^3/d，设备 5 万 m^3/d）。

设计流量：1.5 m^3/s

二沉池配水井数量：1 座

内径：10 m

（5）二沉池（5 万 m^3/d）。

设计流量：最大流量 2 709 m^3/h

单池设计流量：1 354 m^3/h

表面负荷：0.85 $m^3/(m^2 \cdot h)$

直径：45 m

数量：1 组（2 座/组）

池边深：4.0 m

停留时间：4.7 h

（6）加氯接触池[10 万 $m^3/(d \cdot 组)$]。

设计流量：平均流量 4 167 m^3/h

有效容积：2 100 m^3

设计加氯量：10 mg/L

（7）出口泵房（土建 10 万 m^3/d，设备 5 万 m^3/d）。

设计流量：平均流量 1.16 m^3/h，高峰流量 1.50 m^3/h

潜水泵台数：3 台（2 用 1 备）

潜水泵流量：500 L/s

扬程：5.7～4.3 m

（8）鼓风机房（土建 20 万 m^3/d，设备 5 万 m^3/d）。

鼓风机台数：2 台（1 用 1 备）

单台供气量：220 m^3/min

供气量调节：45%～100%

出口风压：7.0 m 水柱

电机功率：315 kW

2．2 500 m^3/d 中水处理设施

（1）提升泵。

数量：3 台（2 用 1 库备）

流量：60 m^3/h

扬程：12 m

（2）管道混合器。

数量：2 台

（3）主体一体化处理设备。

数量：3 套

总处理量：120 m^3/h

单台处理量：40 m^3/h

其中：

快速混凝反应池 1 座，配套搅拌机 1 台；中速絮凝池 1 座，配套搅拌机 1 台；慢速絮凝池 1 座，配套搅拌机 1 台。以上混凝时间约为 20 min。

高效沉淀池 1 座，水力负荷：2.0～2.2 $m^3/(m^2 \cdot h)$。沉淀池排泥采用重力排泥，每个沉淀池设置电动阀，定时开启排泥。

（4）加药装置。

混凝剂配置投加装置 1 套，药剂浓度 5%～10%，主要由搅拌机、溶液罐、过滤装置、输送泵等组成。

助凝剂配置投加装置 1 套，药剂浓度 0.2%～0.5%，主要由搅拌机、溶液罐、过滤装置、输送泵等组成。

3．污泥部分

（1）贮泥池（土建 10 万 m^3/d，设备 5 万 m^3/d）。

分 4 格，储存二沉污泥，每格平面尺寸为 8 m×8 m，水深为 3 m，各设潜水搅拌器 1 台。

（2）污泥浓缩脱水机房（土建 20 万 m^3/d，设备 5 万 m^3/d）。

剩余污泥量：8 900 kg/d

剩余污泥体积：1 271 m^3/d

浓缩脱水机台数：2 台（1 用 1 备）

单机工作能力：80 m^3/h

工作时间：16 h

絮凝剂投加量：≥4.5 g/kg 干泥

絮凝剂用量：≥67.5 kg/d

脱水后污泥含固率：≥22%

脱水后污泥体积：40 m^3/d

三、总平面及高程布置

1. 总图布置

污水处理厂近期按 10 万 m^3/d 规模进行统一规划、统一设计。在近期征地范围内相对集中布置，在厂区的南侧预留出一整块空地，以供污泥深度处理之用。污水厂进厂道路沿厂区东侧的污水总管检修便道进入厂区，进入厂区即为生产管理区，厂前区通过道路与生产区连接，在厂前区设置广场和绿地，并用绿化与生产区（水处理区及污泥区）隔断，保证厂前区的优美环境。污泥区位于厂区的西南侧，水处理生产区位于厂区的北侧，水处理构筑物由北向南进行布置。

2. 高程布置

拟建厂址原有地面标高为 3.6～4.4 m，根据重装备区的规划，周边地区规划地面标高控制在 4.20～4.30 m，水系最高水位控制在 3.60～3.70 m，按规定污水处理厂厂区地面标高须高于周边地块 0.2～0.3 m。而厂区西南侧最不利点处距周边河道距离为 600～700 m，为降低排水系统的工程造价及日常运行费用，污水处理厂的雨水排放按重力自排设计，厂区部分地面标高须不低于 4.50 m，厂区北侧雨水可自流排入渠塘，西南侧（远期污泥处理区）的地面标高可适当抬高 0.1～0.2 m，可由西向东排入小清河。考虑土方平衡并为降低土方工程造价，污水处理厂设计地面标高由原初设的 4.70 m 调整为 4.50 m，水处理构筑物的设计标高相应下调 0.20 m。在平均流量及平均潮位在 0.80 m 以下时污水处理厂自流排放，当超过此潮位及平均流量时，通过出口泵房提升后排放至某河道。经计算，在近期用地范围内，10 万 m^3/d 处理构筑物土方是略有富余的，近期实施 5 万 m^3/d 构筑物缺土约 1.7 万 m^3。

四、构筑物

1. 粗格栅进水泵房

设计规模土建 20 万 m^3/d，设备按 5 万 m^3/d 配置。粗格栅与进水泵房合建，平面尺寸 19.8 m×18 m，地下埋深 12.2 m。粗格栅采用 B=1 400 m 钢丝绳格栅 2 套，栅隙 20 mm，格栅前设 1 200×1 200 电动方闸门 2 套。栅后设螺旋输送机及压榨机各 1 套。

进水泵房设 5 台潜水离心泵，4 用 1 备，近期 3 台（2 用 1 备），单台流量 Q=375 L/s，扬程 H=14.1 m，功率 90 kW。

2. 细格栅及曝气沉砂池

设计规模为 20 万 m^3/d 一组，每组 2 座，近期先上西侧 1 座，细格栅及曝气沉砂池合建，与进水泵房出水渠相接。

平面尺寸 37.80 m×8.40 m，细格栅宽 1.4 m，转鼓细格栅 4 套，栅隙 6 mm（近期设 2 台）。细格栅后设螺旋输送机 1 套。

曝气沉砂池共两格，平面尺寸为 8.4 m×22.5 m，单格净宽 4.0 m。每格设链板式刮砂机 1 台，宽 B=1 000 mm。曝气量按 0.2 m^3 空气/m^3 污水配置，近期内设 2 台罗茨风机（1 用 1 备），单机风量 9 m^3/min，风压 4 m，功率 8.6 kW。

3. 生物反应池

生物反应池改为多模式 A^2O 工艺，每组 2 池。其中 3 池为 1.67 m^3/d，采用 A^2O 工艺；1 池 5 万 m^3/d，采用 A/O 工艺。近期实施 2 池，按不完全 A^2O 工艺运行，不设内回流泵，处理能力为 5 万 m^3/d。

A^2O 池每组 2 座，生物反应池部分平面尺寸 45 m×80 m（2 池总尺寸），其中每座 A/A/O 池中厌氧区、缺氧区、好氧区分 3 廊，每廊宽 7.5 m，长 80.0 m，设计有效水深 6.0 m。近期按选择池、厌氧池和好氧池的流程运行。采用微气泡曝气，最大供气量 440 m^3/min，气水比 6.4∶1。

4. 二沉池配水井

初沉池配水井按 10 万 m^3/d 规模设计，近期 1 座。

每 4 座二沉池设配水井 1 座，配水井为圆形池，内径 Φ10 m，配水井旁设污泥泵房 1 座。内设剩余污泥泵 2 台（1 用 1 备），采用潜水排污泵，单泵流量 30 L/s，扬程 6 m，二沉池采用间歇排泥。近期泵房内还设外回流污泥泵 4 台（其中 1 台库备），配泵按回流比 100%计，选用潜水轴流泵，单泵流量 270 L/s，扬程 3.8 m。

5. 二沉池

二沉池每 10 万 m^3/d 规模一组，每组共 4 座二沉池，近期 2 座。因无初沉池，二沉池采用刮泥机的形式，直径 45 m。

6. 鼓风机房

近期鼓风机房土建按 20 万 m^3/d 规模设计，设备按 5 万 m^3/d 规模配置。设 5 台可调叶片单级离心鼓风机（4 用 1 备），近期 2 台（1 用 1 备），单台风量 220 m^3/min，风压 7 m 水柱，功率 315 kW。

7．加氯间

近期土建按 20 万 m^3/d 规模设计，设备按 5 万 m^3/d 规模配置。设加氯装置 2 套（1 用 1 备），加氯能力为 20 kg/h，加氯间平面尺寸为 14.4 m×7.8 m。

8．加氯接触池

近期设 10 万 m^3/d 规模加氯接触池 1 座。

平面尺寸为 31.2 m×21.2 m，共设 5 个廊道，每廊道宽 4 m，有效水深 3.5 m，接触时间 30 min，设计加氯量 10 mg/L。

9．出口泵房

污水排放至某河道，其最高水位为 5.68 m，故需设出口泵房，在高水位时，由泵房提升后排放。低水位时，借重力自流超越出口泵房排放。近期出口泵房设计规模 10 万 m^3/d，设备 5 万 m^3/d，设计高峰流量 0.80 m^3/s。

出水泵房内配置潜水轴流泵 4 套（3 用 1 备），近期 2 台（1 用 1 备），单泵流量 Q=0.5 m^3/s，扬程 5.7～4.3 m。

10．污泥浓缩脱水机房

污泥浓缩脱水采用离心式脱水机。近期设 1 座规模 20 万 m^3/d 污泥浓缩脱水机房，内设离心脱水机 5 台（4 用 1 备），单机能力 70 m^3/h，每天工作 16 小时。近期设 2 台（1 用 1 备）。

五、结构

1．各构筑物及建筑物结构形式和设计原则

（1）均采用现浇钢筋混凝土结构。

（2）结构分析：构筑物按单元构件计算，按最不利荷载组合选配钢筋，控制裂缝开展 W_{max}<0.2 mm，按抗震要求验算地震作用。

2．进水泵房

平面尺寸 19.8 m×21.6 m，由隔墙分为两格，池深 12.5 m，埋深 12.2 m。采用沉井施工法，带隔墙带框梁排水下沉，深层降水，泥浆套助沉。上部单层房屋内设 3 t 单轨吊车。采用钢筋混凝土框架结构，屋面为梁板结构。

3．细格栅及曝气沉砂池

平面尺寸 37.3 m×9.3 m，细格栅部分池深 7 m，埋深 3.8 m；曝气池部分池深 5.2 m，埋深 2 m，纵向设完全缝一道。开挖施工，井点降水。地基处理采用 2 m 砂夹石回填，压实系数 0.93。至进水泵房渠道为架空结构。基础为柱下条基，渠道支撑于框架上。基础下桩基承载。

4．生物反应池

平面尺寸 81 m×47.7 m，池深 7 m，埋深 4.2 m，纵向设三道、横向设一道完全缝。开挖施工，井点降水。采用桩基作为锚桩。

5. 二沉池配水井及污泥泵房

平面尺寸Φ14.2 m附7.5 m×7.75 m矩形，池深7.7 m，埋深5.7 m。开挖施工，井点降水。

6. 二沉池

平面尺寸Φ45 m，池深4.4～6 m，中间局部落底，池深8.4 m，埋深3～4.6 m。底板于Φ23.5 m处设封闭加强带，大于Φ23.5 m处设置T型加强带，加强带宽2 m。池壁设置6道完全缝。开挖施工，井点降水。采用桩基作为抗浮锚桩。

7. 加氯接触池

平面尺寸22 m×29.95 m附2.4 m×4.8 m，池深3.9 m，埋深3.3 m。开挖施工，井点降水。采用桩基作为抗浮锚桩。

8. 出口泵房

平面尺寸 10.3 m×8.7 m 附前池，前池 8.15 m×（2.6～10.3）m。高位井设竖向框梁。上部单层房屋设 3 t 单轨吊车。采用钢筋混凝土框架结构，屋面为梁板结构。

9. 加氯间

平面尺寸为 8.0 m×14.6 m，为单层房屋。采用砌体结构，屋面为钢筋混凝土梁板结构。砌体材料选用混凝土小型空心砌块。基础采用墙下条型基础，埋深3.3 m，持力层为②$_{31}$层砂质粉土，承载力特征值为96 kPa。

10. 污泥浓缩脱水机房

平面尺寸为 15.0 m×42.0 mm，为单层双跨厂房，内设 5 t 桥式吊车。采用钢筋混凝土框架结构，局部屋面为钢筋混凝土梁板结构，15 m 跨度屋面为钢结构π屋面。基础采用柱下桩承台基础，基础埋深 1.5 m。桩型分两种：250 m×250 m 预制方桩及Φ337 沉管灌注桩，桩长均为 11 m，持力层为②$_{32}$层砂质粉土，单桩承载力特征值为180 kN。

11. 鼓风机房

平面尺寸为27.0 m×36.0 m，为单层单跨厂房，内设5 t桥式吊车。采用钢筋混凝土框架结构，局部屋面为钢筋混凝土梁板结构，15 m及12 m跨度屋面为钢结构π屋面。基础采用柱下桩承台基础，基础埋深 1.5 m。桩型分两种：250 m×250 m 预制方桩及Φ337 沉管灌注桩，桩长均为 11 m，持力层为②$_{32}$层砂质粉土，单桩承载力特征值为180 kN。

12. 综合楼

平面尺寸为 50.2 m×16.5 m，为两层钢筋混凝土框架结构，楼面、屋面为梁板结构。基础采用柱下桩承台基础，基础埋深 1.5 m。桩型分两种：250 m×250 m 预制方桩及Φ337 沉管灌注桩，桩长均为 11 m，持力层为②$_{32}$层砂质粉土，单桩承载力特征值为180 kN。

13．生活楼

平面尺寸为 21.6 m×15.3 m，为两层钢筋混凝土框架结构，楼面、屋面为梁板结构。基础采用柱下桩承台基础，基础埋深 1.5 m。桩型分两种：250 m×250 m 预制方桩及 Φ337 沉管灌注桩，桩长均为 11 m，持力层为$②_{32}$层砂质粉土，单桩承载力特征值为 180 kN。

14．地基处理原则

场区地层冲填土厚度较大，土质不均，结构松散，不能作为一般建（构）筑物的天然地基持力层，采用短桩承载，处理的构筑物有储泥池、曝气沉砂池以及到进水泵房的渠道。处理的建筑物有污泥浓缩脱水机房、综合楼、生活楼。对有抗浮问题的构筑物生反池、二沉池、加氯接触池，采用桩基作为抗浮锚桩。

根据详勘报告，场内分布的$②_{31}$～$②_{32}$层土质较好，250 m×250 m 预制桩穿越承土层时较为困难，因此目前没有开展试桩工作，暂列二种桩型即 250 m×250 m 预制方桩、Φ337 沉管灌注桩，待试桩报告完成后，进行施工图设计。

六、电气

1．电源

本工程系二级负荷。近期拟由供电部门提供两路 10 kV 电源供电，两常用。电源以电缆直埋方式进 1# 变电所，10 kV 进线柜。

2．负荷计算

污水厂内所有用电设备均为 380/220V 低压设备。近期最大单机负荷为鼓风机房鼓风机，315 kW×2 台，1 用 1 备。其他主要设备有：进水泵房潜水泵，90 kW×3 台，2 用 1 备；出口泵房潜水轴流泵，45 kW×3 台，2 用 1 备；以及污泥泵、搅拌器、闸门等。

3．供配电系统

污水处理厂规模近期设计为 5 万 m^3/d（本次设计范围），中期达到 20 万 m^3/d，最终为 60 万 m^3/d。考虑到近期与中期相结合，本次设计变电所土建按 20 万 m^3/d 规模一次到位，电气系统按 5 万 m^3/d 规模实施。

（1）变电所设置。在厂区污水处理负荷中心部位鼓风机房附近设置 1# 变电所，为独立式变配电所，面积约 400 m^2。变电所由 10 kV 总配电间、变压器间、低配间、控制室组成。10 kV 总配电间内设 1 套高压开关柜；两台 500 kVA 变压器分别设置在 1#、2# 变压器间内，低配间内设 1 套低压开关柜。污水厂的污水处理部分由本变电所供电。

在厂区污泥处理负荷中心设置 2# 变电所，为独立式成套户内变电所，面积约 250 m^2。变电所由变配电间、仪表间组成。高压隔离开关柜、两台 500 kVA 变压器附外壳和低压开关柜成套安装在变配电间内。本污水厂污泥处理部分及厂前区由本变电所供电。

（2）接线方式。10 kV 系统采用线路-变压器组接线方式，10 kV 电源不联络。每段母排分别挂接 2 台 500 kVA 变压器。变压器运行方式为两常用。

（3）电力监控系统。10 kV 系统配置微机保护装置和智能测控装置。10 kV 电源进线装设延时电流速断保护及带时限的过电流保护。变压器装设电流速断、带时限的过电流保护、低压侧单相接地保护、过负荷保护及温度保护。相应信号送电力监控站。

在变电所低压柜的进线柜、分段柜以及负荷容量超过 55 kW 的馈电回路分别配置智能测量仪表。相应信号送电力监控站。在 1#变电所控制室设置电力系统监控站。电力监控站同时作为全厂工业自控系统的一个子站与中央控制室进行通信。

（4）计量方式。本厂采用高供高计，动力照明合计。

七、仪表

1. 配置范围

按 5 万 m^3/d 规模配置污水处理厂一期工程的中央计算机控制系统及管理系统、各现场分站、监控系统、在线检测仪表、视频监视系统，包括：

（1）根据工艺流程配置必要的液位、流量、压力和水质分析等检测仪表。

（2）所有检测仪表信号的传送和显示。

（3）根据设备运行要求，设置自动控制装置或自动调节装置。

（4）按集中处理、分散控制的原则建立中央计算机控制系统及管理系统，合理采用现场总线新技术。

（5）污水厂与污水中途泵站的通信设计。

（6）设置摄像监控系统。

（7）全厂的电话及通信系统，电话系统与电话局分界为总配线架。

（8）设置安保系统。

2. 自控系统

该自控系统由二层网络构成：第一层：10 M/100 Mbps Internet 网，连接中控室监控设备和现场 PLC 站；第二层：现场总线，用于现场 PLC 站直接连接电气设备、工艺设备和检测仪表。

现场设备设三级控制：就地、现场控制单元、中央控制室。上、下控制级之间，下级控制的优先权高于上级。污水厂监控层计算机系统包括管理功能、控制功能及通信功能。

3. 污水处理厂现场 PLC 站

根据污水处理厂工艺构筑物的平面布置和电气 MCC 的设置地点，在 1#变电所仪表控制室、1#变电所电力监视控制室、鼓风机房仪表控制室、2#变电所仪表控制室、污泥脱水机房仪表控制室及污泥堆肥控制室分别设置现场 PLC 站。

4. 安保系统

污水处理厂达到少人值班，除了有远程监控系统外，还配置有远程视频监视和周界报警系统。

周界报警系统可以通过对安装在围墙上的红外对射探测器 24 小时监控围墙状态，对非正常进入人员立即给予报警。

闭路监视系统通过前端摄像设备对污水厂四周、高低压配电间、进水泵房、鼓风机房、污泥脱水机房、污泥堆房和控制室进行监控。视频系统可以对周界报警系统做出报警联动反应。

5. 通信

泵站数据、图像通过自建光缆传输至污水处理厂泵站 SCADA 系统。泵站数据备用通道采用 PSTN。

6. 电话系统

全厂设置一套 50 门数字程控电话交换机。

7. 电缆敷设

污水处理厂电缆主要采用电缆沟敷设，局部采用直埋式。

8. 避雷系统

该污水处理厂地处多雷区，仪表及自动化控制部分设有一套完整有效的防感应雷的系统。

9. 接地

接地方式采用工作、保护、防雷共用接地系统，接地电阻≤1Ω。

第二节　工艺试运行

一、进水水量低于 2 000 m^3/d 试运行方案

由于有许多问题要根据现场每日水质情况做具体调整，不可能定量描述，现就工艺参数和运行管理控制要点进行说明。

1. 格栅

（1）格栅所截栅渣应定时清除，汛期应加强巡视，增加清污次数。

（2）格栅除污机械工作时，应监视机电设备的运转情况，发现故障立即停机。

（3）清捞出的栅渣，应妥善处理和处置。

2. 进水提升泵

（1）进水水量：Q_h=1 350 m^3/h

（2）控制要点。

估计目前排水管道存水量为 10 000 m³/h 左右，由此第一天开泵一台，运行 7 h 左右后关闭，具体情况可能与实际有差别，可根据现场做适当调整。从第二天开始，每间隔 5 天开启提升泵一次，每次开泵运行时间为 7 h 左右。

进水根据泵运行最高报警水位和最低报警水位确定，保证水泵运行安全，在开启进水水泵的同时开启粗格栅，要随时监控设备运行情况，一旦发现有异常立即停止运行。

3．曝气沉砂池

（1）工艺参数

水力停留时间：6 min；气水比：0.2 m³/m³（水）。

（2）工艺运行控制要点

启动罗茨风机，打开曝气沉砂池供风管道阀门。根据风机出口流量计及进水口流量计调节风机放空阀门和入口阀门，使气水比尽量靠近 0.2 m³/m³（水）。

4．加药混合池（曝气沉砂池末端）

（1）工艺参数。

PAC 投加浓度：50～400 mg/L，PAM 配制浓度：0.1%～0.2%，PAM 投加浓度：1～2 mg/L，水力混合时间：60～120 s。

（2）工艺控制要点。

调节配水井进、出口阀门，尽量使污水在配水井内湍流度加大，以便达到充分混合的效果，具体操作应该是适当加大配水井进口阀门的闭合度，保持出口阀门全开状态。

加药操作按定量浓度配制 PAM，调节计量泵流量使投加浓度保持在 1～2 mg/L，PAC 投加浓度控制在 50～400 mg/L，但实际反应过程中机理比较复杂，有很多因素制约药剂的实际需要量，因此实际的投加量与理论计算值有较大差别，应在实际调试过程中确定最佳投加量。加药时要特别注意的是：先投加 PAC，后投加 PAM。

5．污泥处理系统

现阶段污水处理采用的是物化处理，所产生的污泥无机成分较高，不宜采用离心脱水机脱水，只能采取自然干化处理。

（1）工艺控制参数：污泥浓缩时间尽量延长，使污泥含水率尽量降低，以便于干化。

（2）工艺控制要点：每天上午应观察贮泥池的上清液排放情况，要及时排放储泥池的上清液。根据污泥浓缩效果及排放污泥的状况，安排相应排泥顺序，及时处理过多的污泥，防止出现因贮泥池泥位过高使大量污泥外溢的现象。

6．出水提升泵房

（1）工艺参数：出水水量：Q_h=1 800 m³/h。

（2）控制要点：根据进水提升泵开启情况，随时监控出水泵房水位，第一天开泵一台，运行 5.5 h 左右后关闭，具体情况可能与实际有差别，可根据现场做适当调整。从第二天开始，理论计算 5 天为一个周期开启提升泵一次，每次开泵运行时间约为 5.5 h。

出水根据泵运行最高报警水位和最低报警水位确定，保证水泵运行安全。

7. 异常对策

根据对当地情况的综合分析，认为最有可能发生的异常状况是在汛期降雨集中阶段，导致进入污水处理厂水量猛增至大于 25 000 m^3/d，而此时污水水质浓度将会大幅度降低，唯一造成水质超标的可能就是 SS，但 SS 的组成主要为无机成分。此时，需要紧急启动所有沉淀池，同时根据水质监测数据，适当降低药剂投加量，直至停止加药。

二、进水水量为 2 000～6 000 m^3/d 时的试运行方案

由于本试运行中进水提升泵不变，因此只能通过改变运行时间或周期来实现水量的调节，具体进水泵房开泵操作为：第一天开泵 7～24 h，然后隔 4 天再同样操作水泵，5 天一个循环。混凝剂投加根据进水情况适当加大投加量即可。根据水量适当增加氯片投加量，具体视现场情况而定。其他运行管理措施同前。

三、进水水量为 6 000～12 000 m^3/d 时的试运行方案

进水提升泵不变，改变运行时间或周期来实现水量的调节。具体进水泵房开泵操作为：第一天开泵 24 h，第二天开泵 0～24 h，然后隔 3 天再同样操作水泵，5 天一个循环。加药根据进水情况适当加大投加量即可，根据水量适当增加氯片投加量，具体视现场情况而定。开始启动污泥干化设施。其他运行管理措施同前。

四、进水水量大于 12 000 m^3/d 时的试运行方案

当进水水量大于 12 000 m^3/d 时，按正常设计参数运行。

第三节　城市污水处理厂岗位职责

岗位职责制定主要从三个方面来进行界定：工作范围、工作特点及行政权限。

一、厂长岗位职责

（1）贯彻执行上级逐月下达的计划任务，按时完成各项指标。

（2）负责向上级汇报日常运行管理工作。

（3）负责全厂内的运行管理工作。监督、检查日常工艺运行管理工作，组织编制日统计报表、月统计报表，认真落实各项管理制度、设备操作规程。

（4）负责全厂内的设备设施的维护、保养及管理工作。监督、检查日常设备维护、保养工作，组织编制设备巡视日报表、月统计报表。

（5）负责全厂内的后勤保障工作。

（6）负责全厂职工教育、技术培训工作。

（7）负责全厂内的安全保卫检查工作。认真执行国家的有关政策规定，定期组织安全保卫检查，坚持安全生产、文明生产。

（8）负责全厂内的保洁绿化检查工作，为职工创造一个良好的工作和生活环境。

（9）负责全厂内的保洁工作。

二、工艺部职责

（1）负责生产运行过程的管理、组织调度，确保污水、污泥处理过程得以顺利实施。

（2）负责安排下达生产任务并检查督促生产任务完成。

（3）进行有效的沟通，实施相应的监督和管理，确保部门内部的团结协作。

（4）负责生产报表记录工作，及时统计、报送生产运行和水质分析月报。

（5）负责对出水质量进行评价、统计分析。负责编制生产运行统计分析报表、化验分析报表。

（6）负责指导污水处理的技术问题、工艺方案的调整及完善，合理调配运行工况。

（7）负责落实安全生产管理规定，杜绝安全责任事故。

（一）工艺主管岗位职责

（1）负责生产运行中的工艺调整工作，确保工艺控制的运行安全可靠。

（2）分解下发生产计划指标，并组织相关信息的收集分析和整理。

（3）负责对本部门员工的培训与考核。

（4）在组织工艺运行和技术工作的同时，分管中控室、化验室的工作。

（5）负责本部门的各项管理规定的制定和检查。

（6）负责组织制定和实施生产工艺中的技术优化工作。

（7）负责生产过程中工艺数据的分析整理工作。

（8）按时完成领导交办的其他工作。

（二）工艺工程师岗位职责

（1）负责全厂污水、污泥处理工艺的技术管理工作。保证污水、污泥处理工艺正常运行。

（2）制定工艺运行操作规程，规范值班人员的日常操作程序，并定期检查执行情况。

（3）分析日常工艺运行的水质变化情况，及时调整运行参数，确保处理工艺正常运行。

（4）编制生产统计月报表，审核化验分析日报及化验原始记录、水质分析月统计表。

（5）负责污水、污泥处理工艺的指导工作，对运行操作人员进行技术培训和考核，提高职工技术操作水平。

（6）协助建立健全生产运行、水质分析、生产统计等技术资料档案。

（7）完成上级安排的其他工作。

（三）工艺技术员岗位职责

（1）遵守各项规章制度和安全技术规程，接受工艺主管的领导。

（2）熟练掌握中控室监控系统的操作，根据运行情况做好工艺参数的调整。

（3）认真执行交接班制度，确保交接内容翔实、准确。

（4）认真执行巡视检查制度，及时掌握设备、工艺运行状况。

（5）做好岗位监控系统保养工作，保持良好的电脑工作环境。

（6）严格按照监控系统的安全技术操作规程操作，发现异常情况，立刻汇报。

（7）经常把水位计、泥位计、流量计、溶解氧仪、电动阀门、电流、电压等设备、仪表所采集的数据和现场情况进行核对，发现数据不符，立刻通知主管和维修人员。

（8）为确保安全，值班人员有权制止无关人员进入处理区域。

（9）负责岗位日常卫生。

（10）认真填写工作日志，记录每天运行情况。

（11）负责中控室和全厂 PLC 分站自控系统的操作和管理。

（12）认真做好主管交办的其他工作。

（四）化验员岗位职责

（1）熟练地掌握污水处理的化验项目和化验技术，对分析项目要做到理解原理、操作正确、严守规程、准确无误。

（2）热爱本职工作，钻研技术，培养科学作风，严格遵守劳动纪律和各项规章制度，谦虚谨慎，搞好团结。

（3）按时完成分析任务，负责填报分析结果，做到数据清晰、记录完整、核对严格、实事求是。

（4）按规定做好化验室仪器、仪表的使用保养工作。

（5）精密仪器管理设专人负责。

（6）负责保管好剧毒药品、腐蚀性药品，专柜存放，进货、消耗账目清楚，未经厂领导批准不准外借或挪作他用。

（7）任何人不得把数据据为己有，未经批准，不得随意向外提供。

（8）工作完毕，应立即做好清洁工作，做到台面整洁、环境卫生。

（9）化验室内，不许吸烟、吃食物，不得用化验器具盛食物，不得喧哗。

（10）无关人员不得随便带入化验室。

（11）下班时，应检查门、窗、水、电、气是否确实关好，不得疏忽大意。

三、设备部职责

（1）负责全厂所有设备、设施的日常和定期维护、保养及维修管理工作。

（2）负责编制各类设备操作规程。

（3）负责编制各类设备档案，润滑维护台账。

（4）负责编制各类备品备件计划。

（5）负责全厂机械设备的日常巡视检查记录。

（6）负责全厂电气设备的日常巡视检查记录。

（7）负责全厂自控仪表的日常巡视检查记录。

（8）负责全厂设备的安全检查。

（一）设备部主管岗位职责

（1）负责全厂设备技术管理工作，以确保设备运行满足工艺要求。

（2）负责组织拟订检修计划和材料计划，并组织好设备检修和相关信息的收集整理。

（3）负责设备操作和维护保养工作的培训和考核工作。

（4）负责配电间的管理工作。

（5）负责分管部门各项管理规定的制定和实施。

（6）负责全厂能源管理工作、计量管理工作、工程质量管理工作。

（7）负责全厂安全生产的检查管理工作。

（8）负责本部门人员的技术考核。

（9）负责备品备件和材料的申报工作。

（10）负责全厂设备故障处理，保证运行管理的正常进行。

（11）按时完成领导交办的其他工作。

（二）机械工程师岗位职责

（1）负责本厂各种设备的机械维护保养等技术工作。

（2）根据设备使用及技术状况，确定设备检查和修理周期，负责编制维护维修计划。

（3）指导机械维护员的技术工作，完成各项检修任务，贯彻执行设备管理制度，监督、检查设备的正确使用和维护。

（4）负责收集、整理设备、备件基础资料，编制各类备件表卡，制订外购和自制备件计划。

（5）参与设备事故分析处理，制定防范措施。

（6）对运行中的设备进行经常检查和定期检查，掌握现场运行设备的状态，对故障隐患及时采取防范和整改措施。

（7）搜集、整理、统计、分析设备故障信息，掌握故障规律和设备技术状况，提高设备完好率。

（8）完成主管交付的其他工作。

（三）机械维修员岗位职责

（1）保证设备正常运行，完成上级下达的设备完好率指标。

（2）建立设备巡视制度。细致、全面地巡回检查，并做好记录，发现问题要及时处理，无能力处理的问题要及时向主管汇报。

（3）熟悉、掌握全厂机械设备性能、特点和目前的工作状况，协助主管制订保养、检修计划。

（4）对设备进行维护保养工作。

（5）做好全厂机械设备的各种修理工作，配合完成设备大修、设备抢修等重大的修理项目。

（6）做好检修后的现场清理工作，做好检修台账。

（7）完成主管交办的其他工作。

（四）自控工程师岗位职责

（1）负责中控室和全厂 PLC 分站的自控系统的维护和管理工作，并对相关的自控系统承担控制权，保障全厂自控系统不受外界因素的影响，保障生产工艺的正常运行。

（2）负责全厂仪器、仪表、水质监控系统的监察和维护，确保设备的正常运行。

（3）负责落实全厂设备、工艺运行的监控工作，保证水质处理有序、稳定地工作。

（4）负责落实自控参数的调节工作，根据工艺调度单的工作内容，严格组织实施，完成工艺运行参数的调整。

（5）负责落实本部门的环境应急准备和响应措施，指导组员按突发事件处理预案及时处置，并及时上报。

（6）负责监督指导操作人员按正确的操作规程进行操作，做到安全生产。

（7）负责落实对所辖设备及仪表的例保工作。

（8）负责本部门的日常工作，督促班组人员严格遵守厂内制定的各项规章制度。

（9）负责组员的工作安排，保持良好的工作秩序。负责设备、工艺运行记录的检查。

（10）负责中控室内的环境卫生工作，树立本厂良好环境形象。

（五）自控操作员岗位职责

（1）负责中控系统的监控和操作工作。

（2）负责全厂分布的PLC站的监控管理。熟练掌握运行工艺流程。

（3）熟练掌握中控室自控系统各硬件设备的功能及操作方法。

（4）熟练掌握中控室自控系统各软件对工艺、设备的控制方法。

（5）操作员必须对已运行的工艺、设备的运行工况进行监控，及时发现故障信号、报警信号，并通知值班长进行故障、报警的确认和消除。发现工艺运行参数异常等情况，应立即上报工艺运行部。

（6）严禁使用中控室计算机运行外来程序。不得擅自修改计算机内的参数和软件。不得随意拆卸计算机及其附属设备。

（7）负责及时、正确地填写运行记录，做好报表的汇总工作。

（8）定期对中控室内设备进行保养，做好生产运行数据的存储、保管和上报。

（9）认真做好交接班工作。

（10）负责中控室的卫生工作，值班期间禁止从事与工作无关的活动。

（11）严格执行中控室出入制度，阻止非生产人员和未经许可人员的进入。

（六）电气工程师岗位职责

（1）认真做好电气技术管理和协调工作，了解具体情况并及时向主管汇报。

（2）负责审核本单位技术资料，根据有关技术标准，指导操作。

（3）负责对10 kV变电所现场进行规程的制定工作。

（4）负责本单位的电工管理，做好电工安全技术培训和考核工作。

（5）负责电气工作票的签发工作。

（6）完成主管交付的其他工作。

四、行政部职责

（1）负责全厂内的后勤保障工作。

（2）负责全厂职工教育、技术培训工作。

（3）负责全厂内的安全保卫检查工作。认真执行国家的有关政策规定，定期组织安全保卫检查，坚持安全生产、文明生产。

（4）负责全厂内的绿化检查工作，为职工创造一个良好的工作和生活环境。

（5）负责全厂内的保洁工作。

（一）行政主管岗位职责

（1）负责每天考勤记录，及时打印考勤单，并对每一位考勤异常点进行核实。月底作当月汇总表。

（2）负责协助厂务接待工作。

（3）负责文档整理和管理。

（4）负责公司环境的维护，确保各类设备设施的正常运转并负责固定设备的报修。

（5）负责派车并协助厂负责人对司机进行管理。

（6）负责办公用品的申购、发放、管理。

（7）负责后勤事务的安排和管理。

（8）负责行政后勤的外联工作。

（9）负责厂内所有的文印工作。

（10）协助人事行政部对本厂员工的招聘、入职等工作。

（11）其他行政后勤工作和上级临时交办的任务。

（二）司机岗位职责

（1）严格遵守出车制度，服从调度，确保厂内生产工作的正常用车，杜绝开私车。

（2）自觉学习和遵守交通规则，保证行车安全。

（3）负责车辆的维护保养，确保车辆完好，降低油耗，减少费用，妥善保管和使用车辆的配套设备。

（4）经常清洗车辆，保证车辆整洁美观。

（5）按时参加安全业务学习，增强安全观念，钻研业务，提高驾驶技术和服务质量。

（6）完成主管布置的其他工作。

（三）厨师岗位职责

（1）厨师必须定期进行健康检查，持证上岗；炊事人员要注意个人卫生，穿着整洁。

（2）搞好食堂、饭食卫生，定期检查食堂仓库物品质量，防止食物中毒。

（3）做好灶面清洁工作，炊具、餐具每天消毒，保持食堂、餐厅环境卫生。

（4）冰箱储藏食物应生、熟食品分开存放。

（5）保证按规定的就餐时间准时开餐。

（6）按规定的餐费标准，调剂饭菜的花色品种，合理搭配菜品。

（7）注意成本控制，做好成本核算，尽量在预算范围内开支，做到每月账务公开。

（8）完成上级临时交付的任务。

（四）保洁员岗位职责

（1）负责本厂内所有道路的清扫工作。

（2）负责本厂建（构）筑物及其门窗的保洁工作。

（3）负责生活楼、办公楼的清洁卫生工作。

（4）负责男女卫生间、浴室的卫生。

（5）负责垃圾的倾倒工作，及时排往指定地点。

（6）按时上下班，工作时间为：8:00～16:00。

（7）爱护公共财物，妥善保管工具，节约用水用电。

（8）完成领导交付的其他任务。

五、安全保卫部职责

（一）安全保卫主管岗位职责

（1）按照上级保卫部门的要求做好厂区保卫工作。

（2）认真落实安全保卫防范措施，堵塞各种漏洞和消除各种隐患。

（3）负责厂区消防安全和安全器材的管理，组织消防知识学习和训练。

（4）做好防火宣传工作，检查落实防火措施，及时发现火险隐患，杜绝火灾事故的发生。

（5）负责厂区治安管理。

（6）负责门卫的管理。

（7）按时完成领导交办的其他工作。

（二）门卫岗位职责

（1）门卫巡视时必须 2 人以上，统一着装，做到礼貌待人、热情服务，以良好的职业素养为本厂树立外部形象。

（2）门卫人员要坚持原则，严格出入门制度，外来人员因工作需要进厂，须办好登记手续后方能进厂。

（3）门卫要求做好防火、防盗工作，发现问题应及时报告，并力所能及地做妥善处置。夜间十一点必须将厂大门上锁。

（4）值班过程中严禁睡岗、脱岗，严禁值班期间喝酒、下棋、打扑克等，做好值班记录和交接班手续。

（5）门卫须将值班过程中发生的重大事项及时报告，以保证问题能够及时有效处置。

（6）门卫在值班期间，厂内发生火警、盗警等事故，要及时向有关部门汇报，保护好现场，做好记录。

（7）门卫人员负责车辆管理工作、打扫门卫周围环境卫生。

（8）对进出厂门的机动车严格执行登记制度，与被访人取得联系后方可放行，做好业务单位的车辆统计。

第四节　城市污水处理厂巡视制度

一、巡视检查制度

根据污水处理厂水量水质实际情况及污水处理单元投入运营情况制定。

（一）巡视

巡视人员必须 2 人以上，应经常巡视检查污水处理工艺构筑物、建筑物及其有关设备的运行情况，每班次巡检不少于 4 次。遇特殊情况加强巡检次数；在巡视过程中发现的问题自己无法解决的要及时上报主管，不得瞒报、漏报，保证生产正常运行。

（二）巡检污水处理工艺主要单元

粗格栅；进水泵房；细格栅；曝气沉砂池；鼓风机；生化池；配水井污泥回流泵房；二沉池；加氯间加氯池；出水泵房；高位井；污泥处理工艺单元。

（三）巡检内容

（1）巡视检查格栅及其前后液位，阀门开启状态，螺旋输送机、进水泵房潜水泵运行状况，查看在线检测仪器仪表并做好相关记录。

（2）巡视检查进水仪表的状况并做好相关记录。

（3）巡视检查曝气沉砂池的转鼓细格栅、螺旋输送机、链板刮砂机、撇渣器、砂泵、砂水分离器及电动渠道闸门的开启状态，并做好相关记录。

（4）巡视检查鼓风机房的鼓风机运行状况，并做好相关记录。

（5）巡视检查生化池的电动渠道闸门、排泥闸门、放空阀的状态，检查潜水搅拌器、微孔曝气器的运行状况，查看在线检测仪器仪表并做好相关记录。

（6）巡视检查配水井及二沉池的垂直可调堰门、电动闸门、排泥堰门、放空阀的开启状态。检查外回流污泥泵、剩余污泥泵及周边传动刮泥机的运行状况，并做好相关记录。

（7）巡视检查加氯车间及出口泵房的氯酸钠化料器、ClO_2 加氯机、盐酸计量泵、氯酸钠计量泵、水射器、潜水泵及潜水轴流泵的运行状况。检查各电动闸门的开启状态，并做好相关记录。

（8）巡视检查出水泵运行状况，查看在线检测仪器仪表并做好相关记录。

（9）巡视检查储泥池及脱水机房的设备并做好相关记录。

（10）巡视检查管道、水池、流量计、压力表、液位计及相关仪表等以确保达到工艺、安全各项指标的正常进行，并做好巡检记录。

（11）将各污水处理工艺单元工况及时反馈到中控室。

（12）巡视观察各池的进、出水水质、水量是否正常。如有异常，应力所能及地处理解决或立即汇报，并及时通知进行水质化验并做好相关记录。

（四）巡检要求

（1）值班人员每天按下列规定时间进行定时巡检：

8:30，10:30，13:30，15:30

（2）检查必须逐点依次进行，不得少检或漏检，严格按规定时间和内容巡检。

8:30 巡检时，必须放空生化池曝气系统冷凝水。

15:30 巡检时，必须清理完浮渣并运输到指定地点。

（3）检查必须做到六勤（勤看、勤听、勤摸、勤嗅、勤捞浮渣、勤动手），应看的看到、应听的听到、应摸的摸到，发现问题及时处理，及时上报。

（4）文明生产、清洁生产，保持各个构筑物、建筑物的清洁卫生。

（5）认真详细地填写巡回检查记录并签名。

二、设备维护巡视制度

设备维护人员巡视前，必须先到进水区值班室向值班人员了解设备的运行工况，对故障设备重点巡视检查，对一般设备常规例行检查。在检查中及时排除故障，并做好巡视检查记录，登记设备维修、维护台账。

（一）粗格栅、细格栅设备

（1）检查电机及电气线路情况，电机的外壳和运动声音、振动、温升情况是否正常，电气线路与接地线是否完好。

（2）检查执行机构是否正常，设备各部位是否完整良好，电气开关箱和控制箱上的指示是否正确。

（3）检查栅齿是否有残余垃圾、齿耙及螺旋输送机是否卡堵等，并进行相应的清洁处理。

（4）检查润滑情况，看齿轮减速箱中的油位是否在油标线上，如低于油标线，应检查少油的原因，并解决之。同时补充相应的机油（油的型号规格按说明书上的规定）。

（二）水泵

（1）在泵运行时，观察其控制柜上的各种指示是否正确、正常。

（2）检查现场按钮箱、接线盒及电缆、接地线等是否完好。

（3）在现场手动启动泵时，观察泵及电机运转是否正常（声音、温度、震动、流量等）。

（三）螺旋输送机、螺旋压榨机

（1）检查设备各部分是否完好，是否损坏。

（2）检查运行状况，电机及机器运行声音、震动、温度是否正常，是否堵塞。

（3）检查润滑情况，对各加油点进行加油。

（四）砂泵

（1）检查泵的出口连接处是否密封良好。

（2）听管道的震动是否过大。

（3）检查运行是否正常，有无堵塞、滴漏。

（4）检查固定螺丝是否松动，有无异常声音。

（五）罗茨风机

（1）检查室内地面是否清洁。

（2）检查皮带的张紧度，震动是否过大，运行是否正常。

（3）接法兰处有无漏气现象。

（六）砂水分离器

（1）在运转时有无螺旋和机壳摩擦发出的异响。

（2）在运转时是否平稳，无震动。

（七）电动蝶阀

（1）检查外表是否完好，齿轮箱是否漏油。

（2）手动启动检查运行是否正常（声音、震动、温度、润滑等），检查后注意将蝶阀和转换开关置于正常位置。

（3）检查电器箱、线路和接地线是否完好。

（八）生化池

设备维修人员巡视前，必须先到鼓风机房值班室向值班人员了解设备的运行工况，对故障设备重点巡视检查，对一般设备常规例行检查。

（九）鼓风机

（1）检查鼓风机运行是否正常，设备是否完好，控制箱上的指示是否正确。

（2）检查轴承、联轴器是否完好。

（3）根据入口过滤器的压差计读数，及时更换或清洁过滤器。检查风管的完整性、严密性及油漆和防腐层的状况，清理灰尘等。

（4）检查油冷却器的情况及设备的润滑和密封情况，按说明书有关要求加油。

（5）检查电动蝶阀的开合情况。

（十）曝气器、水下搅拌器

（1）在生化反应池曝气过程中，观察曝气是否均匀，判断曝气头运行状况。

（2）检查水下搅拌的电源电缆的外观和接头情况，起吊用钢丝绳固定情况。

（十一）刮泥桥

（1）检查电器箱、线路和接地线是否完好。

（2）检查刮泥桥行走是否平稳，有无震动及异响。

（十二）加氯系统

（1）进入加氯室向值班人员了解加氯系统运行状况，观察加氯机、余氯指示仪及漏氯报警仪的运行状况是否正常，开关控制箱工作及指示是否正常、正确。

（2）检查加氯管道连接是否完好，有无泄漏、损伤。

（3）检查加氯间门窗、照明是否完好，风道、地沟有无积水、杂物。

（4）检查水射增压泵工作运行是否正常（声音、温度、震动、润滑等），管道有无泄漏。

（十三）控制箱、电缆及其照明灯

（1）检查所有电源箱、控制箱的完好情况，动作指示是否正确。检查元器件是否完好、防水密封情况、外表油漆防腐情况。

（2）进水渠道中的电缆及桥架是否完好，有无破损。

（3）照明灯及开关有无损坏。

（十四）电动闸门

（1）检查电气线路和接地线是否良好，检查电动机、丝杆和闸门是否完整良好，齿轮箱是否漏油，现场（远程）转换开关是否设置状态正常。

（2）观察运转是否正常（检查声音、震动、温度、润滑等）。

（3）润滑油脂的补充和外裸丝杆的润滑。

（十五）电动葫芦

（1）检查设备各部分是否完整、良好，特别是几个关键部位：掉钩状况、钢丝绳及缠绕状况、开关箱及控制按钮的完好性、电缆及滑触线的状况等。

（2）检查运行状况，行走轮与轨道的结合状况，是否咬轨；电动葫芦限位开关动作的灵敏可靠性；电机运转及制动性能等。

（3）检查钢丝绳、卷筒、导绳器并加以润滑。

第五节　运行管理与操作规程

一、运行管理总则

（1）运行管理人员必须熟悉本厂处理工艺及设施、设备的运行要求与技术指标。

（2）操作人员必须了解本厂处理工艺，熟悉设施、设备的运行要求和技术指标。

（3）本厂配有工艺系统网络图、安全操作规程等，并示于相应的区域。

（4）运行管理人员和操作人员应按要求巡视检查构筑物、设备、电器和仪表的运行情况。

（5）必须加强水质和污泥管理。

（6）准确记录各项生产指标、能源和材料消耗等。

（7）各岗位的操作人员应按时做好运行记录，数据应准确无误。

（8）操作人员若发现异常情况，应及时处理或上报主管部门。

（9）各种机械设备应保持清洁，无漏油、漏气等现象。

（10）水处理构筑物堰口、池壁应保持清洁、完好。

（11）根据不同机电设备要求，定时检查、添加、更换润滑油或润滑脂。

（12）各种闸井、计量井内应保持无积水。

二、安全操作总则

（1）各岗位操作人员和维修人员必须经过技术培训和生产实践，经考试合格后方可上岗。

（2）启动设备应在做好启动准备工作后进行。

（3）电源电压大于或小于额定电压5%时，不宜启动电机。

（4）操作人员在启闭电器开关时，应按电工操作规程进行。

（5）污泥处理区域、鼓风机房、配电间等地严禁烟火，并严禁违章明火作业。

（6）各种设备维修时必须断电，并在开关处悬挂"禁止合闸"标牌后，方可操作。

（7）雨天或冰雪天气，操作人员在构筑物上巡视或操作时，应注意防滑。

（8）凡在对具有有害气体或可燃性气体的构筑物进行放空清理和维修时，应将甲烷体积分数控制在5%以下，H_2S 体积分数、HCN 和 CO 的体积分数应分别控制在4.3%、5.6%和12.5%以下，同时，含氧量不得低于18%。

（9）清理机电设备及周围环境卫生时，严禁擦拭设备运转部位，冲洗水不得溅到电缆头和电机带电部位及润滑部位。

（10）各岗位操作人员应穿戴齐全劳保用品，做好安全防范工作。

（11）起重设备应有专人负责操作，吊物下方严禁站人。

（12）应在构筑物的明显位置配备防护救生设施及用品。

（13）严禁非岗位人员启闭本岗位的机电设备。

（14）具有有害气体、易燃气体、异味、粉尘和环境潮湿的车间，必须通风。

（15）有电气设备的车间和易燃易爆的场所，应按消防部门的有关规定设置消防器材。

三、设备维护保养总则

（1）运行管理人员和维修人员应熟悉机电设备的维修、保养规定。

（2）应对构筑物的结构及各种闸阀、护栏、爬梯、管道、支架和盖板等定期进行检查、保养、维修及防腐处理，并及时更换被损坏的照明设备。

（3）应经常检查和紧固各种设备连接件，定期更换联轴器的易损件。

（4）各种管道闸阀应定期做启闭试验，丝杠应经常加注润滑油脂。

（5）应定期检查、清扫电器控制柜，并测试其各种技术性能。

（6）应定期检查电动闸阀的限位开关、手动与电动的联锁装置。

（7）在每次停泵后，应检查填料或油封处的密封情况，进行必要的处理。并根据需要添加或更换填料、润滑油、润滑脂。

（8）凡设有钢丝绳的装置，当绳的磨损量大于原直径的10%，或其中的一股已经断裂时，必须更换。

（9）各种机械设备除应做好日常维护保养外，还应按设计要求或制造厂的要求进行大、中、小修。

（10）构筑物之间的连续管道、明渠等应每年清理一次。

（11）压力容器等设备重点部件的检修，应由安全劳动部门认可的维修单位负责。

（12）检修各类机械设备时，应根据设备的要求，保证达到其同轴度、静平衡或动平衡等方面的技术要求。

（13）可燃性气体报警器应每年检修一次。

（14）不得将维修设备更换出的润滑油、润滑脂及其他杂物丢入污水处理设施内。

（15）维修机械设备时，不得随意搭接临时动力线。

（16）建筑物、构筑物等的避雷、防爆装置的测试、维修及其周期应符合电业和消防部门的规定。

（17）应定期检查和更换救生衣、救生圈、消防设施等防护用品。

四、粗格栅安全操作规程

（1）启动前检查：

① 供电系统应正常；

② 机械各部无卡堵；

③ 机械各部润滑良好，油脂充足；

④ 耙斗应平衡；

⑤ 各限位开关正常，无超行程。

（2）栅筛除污机械工作时，应监视机电设备的运转情况，发现故障应立即停车检修。

（3）若除污机的链条有断裂现象等，应立即更换。

（4）栅筛所截栅渣应定时清除。汛期应加强巡视，增加清污次数。

（5）清捞出的栅渣，应妥善处理和处置。

（6）检修除污机或人工清捞栅渣时，应注意安全，并做有效的监护。

（7）粗格栅操作区域应保持清洁。

（8）污水通过栅筛的前后水位差宜小于 0.3 m。

五、进水泵房运行管理制度

（1）根据进水量的变化和工艺运行情况，应及时调节处理系统的进水量，保证处理效果。

（2）集水池的正常运行水位应维持在设计水位 2.7～4.3 m。

（3）进水泵在运行过程中，工作人员必须严格执行巡回检查制度，检查如下内容：

① 应注意观察各种仪表显示是否正常、稳定。

② 水泵机组是否有异常的噪声或震动。

③ 集水池水位是否保持在正常运行水位。

（4）泵房的机电设备应保持良好状态。

（5）操作人员应保持泵房的清洁卫生，各种工具、器具应摆放整齐。

（6）应及时清除叶轮、闸阀、管道的堵塞物。

（7）泵房的集水池每年至少清洗一次。

六、进水泵安全操作规程

（1）水泵启动检查：

① 电源处于合闸位置，指示灯亮；

② 电压在规定范围内的（380±10%）V，相间电流最大偏差 1%；

③ 各监测点显示正常，整机无报警。

（2）严禁频繁启动水泵（启动间隔应大于 15 min）。

（3）水泵运行时，操作人员不得接触转动部位。

（4）水泵运行中发现下列情况时，应立即停机：

① 突然发生异常声响；

② 轴承温度过高；

③ 压力表、电流表的显示值过低或过高；

④ 电机发生严重故障。

（5）当泵房突然断电或设备发生重大事故时，应打开事故排放口闸阀，将进水口处闸阀全部关闭，并及时向主管部门报告，不得擅自接通电源或修理设备。

（6）操作人员在水泵开启至运行稳定后，方可离开。

（7）应定期检修集水池液位计及其转换装置。

（8）备用泵应每月至少进行一次试运转。

七、细格栅安全操作规程

（1）运行前检查：

① 检查电源控制箱各元器件接线情况，桩头应连接牢固，无锈蚀。

② 检查机械是否堵塞，潜水管是否冒泡。

③ 检查机械各部是否润滑良好，是否有足够的油脂。

④ 是否有人在机械上工作；是否有其他干扰；保护盖板是否已盖。

⑤ 检查置放滤渣的收集箱中是否有足够的空间。

⑥ 各限位开关正常，无超行程。

（2）运行：

细格栅除污机控制柜提供自动和手动两种控制模式：

① 合上电源，检查电源电压，应符合要求。

② 手动仅限于调试、检修、处理较大异物和紧急故障时使用。

③ 有转换开关的机组应将“状态按钮”置于手动位置。启动除污机，观测机组各部分运转情况，应无异常声响、震动。

④ 手动状态下正常运转 10 min 以上，方可转入自动状态。在自动状态中，操作者应观察 10 min 以上，方可离开。

（3）自动控制是通过定时和格栅前后的液位差进行控制，并实行格栅、输送机和压榨机的联动。可设定时间和格栅前后的水位差。

（4）除污机清捞的垃圾由无轴螺旋输送机运至下一工作区域，现场应及时清理，保持干净。

（5）对不运转的格栅每月运行一次。

八、螺旋输送压榨机安全操作规程

（1）运行前检查：

① 供电系统正常；

② 检查头部卸料处的防堵检测器是否堵塞；

③ 压榨机各部润滑良好，无渗漏；

④ 检查控制方式，转换到要求的控制方式。

（2）运行方式采用现场控制与远程控制两种模式：

① 现场控制时，与粗格栅联动操作运行。当粗格栅启动时，输送机随时启动。粗格栅停机后，输送机延时自动停机，延时时间可在控制箱面板上设定；

② 远程控制时，控制箱转换开关至“自动”，接受 PLC 指令，自动运行。

（3）每月对设备进行一次维护保养。

（4）设备运转时严禁接触运转部位。

（5）及时清理卸料口的垃圾，运送到指定地点妥善处理。

（6）保持设备及周边的清洁卫生。

九、曝气沉砂池运行管理制度

（1）操作人员根据池组的设置与水量变化，调节沉砂池进、出水闸阀，使其保持在设计水位，调整撇渣机入口保持连续排渣。

（2）曝气沉砂池的空气量，应根据水量的变化进行合理的调节。

（3）定时排砂或连续排砂。

（4）机械除砂应符合下列规定：

① 除砂机械应每日至少运行一次。操作人员应现场监视，发现故障应采取处理措施。

② 除砂机械工作完毕，应将其恢复到待工作状态。

（5）沉砂池排出的沉砂应及时外运，不宜长期存放。

（6）清捞出的浮渣应集中堆放在指定地点，并及时清除。

（7）沉砂池上的电气设备应做好防潮湿、抗腐蚀处理。

（8）沉砂池每运行 2 年，应彻底清池检修一次。

十、曝气沉砂池安全操作规程

（1）曝气沉砂池在运行中，不得随意停止供气。

（2）除砂机工作完毕，必须切断现场电源。

（3）除砂机的限位装置应每月检修一次。

（4）应保持排砂管通畅。

（5）应保持沉砂池及贮砂场的环境卫生。

（6）沉砂池正常运行参数应符合设计的规定。

（7）沉砂池内积砂量应小于每日沉砂量的两倍。

十一、生化池运行管理制度

（1）按生化池池组设置情况及运行方式，根据设计负荷调节各池进水量，使各池配水均匀。

（2）生化池无论采用何种运行方式，应通过调整污泥负荷、污泥龄或污泥浓度等方式进行工艺控制。

（3）生化池出口处的溶解氧浓度宜不低于 2 mg/L。

（4）二次沉淀池污泥排放量可根据污泥沉降比、混合污泥浓度及二次沉淀池泥面高度确定。

（5）应经常观察活性污泥生物相，上清液透明度，污泥颜色、状态、气味等，并定时测试和计算反映污泥特性的有关项目。

（6）因水温、水质或曝气池运行方式的变化而在二次沉淀池引起的污泥膨胀、污泥上浮等不正常现象，应分析原因，并针对具体情况，调整系统运行工况，采取适当措施恢复正常。

（7）当生化池水温低时，应采取适当调整曝气量或延长曝气时间、提高污泥浓度、增加泥龄、调整回流比或其他方法，保证污水的处理效果。

（8）生化池产生泡沫和浮渣时，应根据泡沫颜色分析原因，采取相应措施恢复正常。

（9）操作人员应经常排放曝气系统空气管路中的存水，待放完后，应立即关闭放水闸阀。

十二、生化池安全操作规程

（1）未经允许，严禁无关人员进入生化池区域。

（2）遇雨、雪天气，应及时清除池走道上的积水或冰雪。

（3）生化池产生泡沫和浮渣溢到走廊时，上池工作应注意防滑，并随时清扫。

（4）应定期对曝气设备进行维修。

（5）每年放空一次生化池，对池内进行清理，同时检修曝气装置。

（6）生化池运行参数应根据进水水质进行调整，确保生物反应系统正常运行。

十三、二沉池运行管理操作制度

（1）工作人员根据池组设置、进水量的变化，相应地调节各池进水水量，使其均匀配水。

（2）二沉池的正常运行参数应符合设计规定。

（3）二沉池的污泥必须连续排放。

（4）应经常检查和调整二沉池刮泥机的排泥闸阀，保持管路通畅，同时池内污泥面与设计泥面之差不得超过 0.7 m。

（5）刮泥机的行走机构应定期检修。

（6）刮泥机集泥槽内的污物应每月清除一次。

（7）刮泥机设备长期停置不用时，应将主梁两端加支墩。

（8）非操作人员未经允许不得上刮泥机。

十四、出水泵房运行管理制度

（1）根据水量的变化情况，应及时调节水泵运行，保证正常排水。

（2）集水池的正常运行水位应维持在 2.3～4.0 m。

（3）水泵在运行中，必须严格执行巡回检查制度，应检查如下内容：

① 应注意观察各种仪表显示是否正常、稳定。

② 水泵机组是否有异常的噪声或震动。

③ 集水池水位应保持正常运行水位。

（4）应使泵房的机电设备保持良好状态。

（5）操作人员应保持泵站的清洁卫生，各种工具、器具应摆放整齐。

（6）及时清除叶轮、闸阀、管道的堵塞物。

（7）泵房的集水池应每年至少清洗一次。

十五、出水泵安全操作规程

（1）水泵启动前检查：

① 电源处于合闸位置，指示灯亮；
② 电压在规定范围内的（380±10%）V，相间电流最大偏差 1%；
③ 各监测点显示正常，整机无报警。
（2）严禁频繁启动水泵（启动间隔应大于 15 min）。
（3）水泵运行时，操作人员不得接触转动部位。
（4）水泵运行中发现下列情况时，应立即停机：
① 突然发生异常声响；
② 轴承温度过高；
③ 压力表、电流表的显示值过低或过高；
④ 电机发生严重故障。
（5）当泵房突然断电或设备发生重大事故时，应打开事故排放口闸阀，将进水口处闸阀全部关闭，并及时向主管部门报告，不得擅自接通电源或修理设备。
（6）操作人员在水泵开启至运行稳定后，方可离开。
（7）应定期检修集水池液位计及其转换装置。
（8）备用泵应每月至少进行一次试运转。

十六、污泥泵房安全操作规程

（1）根据生化池的运行方式和工况，相应调整污泥回流量和剩余污泥的排放量。
（2）污泥泵的机械效率应大于额定值的 75%。
（3）严禁频繁启动污泥泵。
（4）长期停用的污泥泵，每月至少试车一次。
（5）及时清捞污泥泵房集泥池中的杂物。

十七、鼓风机房运行管理制度

（1）根据生化池所需的溶解氧的浓度，调节鼓风机的风量。
（2）日常运行过程中，禁止非工作人员进入鼓风机房。
（3）离心风机工作时，应有适当措施，防止风机产生喘震。
（4）风机在运行中，操作人员应注意观察风机及电机的油温、油压、风量、电流、电压等，每小时记录一次。遇到异常情况不能排除时，应立即停机。
（5）风机冷却系统发生突然断电等不正常现象时，应立即采取措施，确保风机不发生故障。
（6）观察 U 型压差计，如压差值接近运行工况参数的上限要求时，立即更换或清洗帘式过滤器的滤布。
（7）冷却、润滑系统的机械设备及设施应定期检修与清洗。
（8）长期不使用的风机，应关闭进、出气闸阀和水冷却系统，将系统内存水放空。

（9）鼓风机的通风廊道内保持清洁，严禁有任何物品。

（10）通风廊道，应每月检修一次。

十八、鼓风机安全操作规程

（1）运行前检查

① 用探棒检查油位，保证油位在下刻度以上。

② 检查风管管道阀门是否开启、放空阀是否打开。

③ 出口导叶和入口导叶在最小位置。

④ 控制面板没有报警状态，紧急停止开关在正常位置。

（2）启动步骤

① 开启鼓风机操作面板和驱动电机的动力电源。

② 启动后，如果油温低于 10℃，油加热器将自动启动加热润滑油，同时润滑油泵将启动，做齿轮箱的预润滑；油温在高于 10℃，选择“mode selection”，进入“local”模式，如果是远程控制须进入“remote”模式。

③ 点击“operation”，如果鼓风机的运行条件具备（面板左上角出现“ready to start”），开启鼓风机。

④ 开启后，润滑油泵将进行 60 s 的预润滑。在 60 s 预润滑后，如果油压正常，压缩机将启动。

⑤ 导叶将开至最大位置，放空阀将慢慢关闭；放空阀完全关闭时，入口导叶将降至最小位置。

⑥ 导叶在最小位置时，调整出口导叶，根据工艺要求控制风量。入口导叶的张开度由导叶控制，出口导叶开得越大，入口导叶的张开度也越大。

⑦ 正常开启后，应观察电流、电压、油压、油温、压差是否在额定范围内，噪声、震动是否过大。

（3）紧急停机

① 如遇紧急情况，立即按鼓风机上的紧急停止按钮。

② 快速打开放空阀，入口导叶和出口导叶移至最小位置。润滑油泵继续润滑 5 min。

十九、变、配电室运行管理制度

（1）变、配电装置的工作电压、工作负荷和控制温度应在额定值的允许变化范围内。

（2）操作人员应对变配电室内的主要电气设备每班巡视检查两次，并做好运行日志。

（3）变、配电装置在运行中，发生继电保护动作跳闸、电容器或电力电缆的断路器跳闸时，在未查明原因前不得重新合闸运行。

（4）变、配电设备及其周围环境应保持整洁、卫生。

（5）操作人员应按时记录电气设备的运行参数，并记录有关的命令指示、调度安排。严禁漏记、编造和涂改。

（6）非工作人员进入变、配电室，必须履行审批、登记制度，严禁无关人员擅自进入变、配电室。

二十、变、配电室安全操作规程

（1）在电气设备上进行倒闸操作时，应遵守“倒闸操作票”制度及有关的安全规定，并应严格按程序操作。

（2）变压器、电容器等变、配电装置在运行中发生异常情况而不能排除时，应立即停止运行。

（3）电容器在重新合闸前，必须使断路器断开，将电容器放电。

（4）隔离开关接触部分过热，应断开断路器，切断电源。不允许断电时，则应降低负荷并加强监视。

（5）在变压器台上停电检修时，应使用工作票。如高压侧不停电，则负责人应向全体工作人员说明线路有电，并加强监护。

（6）所有的高压电气设备，应根据具体情况和要求，选用含义相符的标示牌，并悬挂在适当的位置上。

（7）如变压器吸潮剂失效、防爆管隔膜有裂纹，应及时更换，渗漏油应及时处理。

（8）有载调压变压器的切换开关动作次数达到规定时，应进行检修。

（9）电气设备的绝缘电阻、各种接地装置的接地电阻，应按电业部门的有关规定定期测定，并应对安全用具、变压器油及其他保护电器进行检查或做耐压实验。

（10）变压器的保养、检修，应按规定的周期进行。

（11）高、低压变、配电装置应在每年春、秋两季各进行一次停电、清扫、检修工作。

二十一、中控室运行管理制度

（1）中控室是污水处理厂的监控中心，应保持室内整洁，微机系统工作正常。

（2）非工作人员未经允许严禁进入中控室，若进入中控室，必须进行登记。

（3）中控室内严禁吸烟、严禁室内用餐或做与本岗位无关的事。

（4）中控室采用微机系统进行运行管理，故应加强对微机的维护和保养，确保其处于良好工作状态。

（5）严禁在中心计算机上运行任何非用于工艺运行的计算机软件。

（6）现场仪表的检测点应按工艺要求布设，不得随意变动。

（7）操作人员应定时对显示记录仪表进行记录。

（8）根据现场反馈的信息，及时调整运行参数，确保良好的运行工况。

（9）加强对现场运行工况的监控，发现问题及时报告有关人员，同时通知现场工作人员采取应对措施。

二十二、现场仪表维护保养制度

（1）现场仪表的检测点应按工艺要求布设，不得随意变动。

（2）各类检测仪表的一次传感器均应按要求清污除垢。

（3）室外的检测仪表应设有防水、防晒的装置。

（4）各部件应完整、清洁、无锈蚀，表盘标尺刻度清晰，铭牌、标记、铅封完好；仪表井应清洁、无积水。

（5）应定期检修仪表中各种元器件、探头、转换器、计算器、传导电视和二次仪表等。

（6）操作管理人员应熟悉各种仪表的检测点和检测项目。

（7）操作人员在阴雨天气到现场巡视检查仪表时，应注意防触电。

（8）检测仪表发生故障时，不得随意拆卸变送器和转换器。

（9）检修现场的检测仪表，应采取防护措施。

（10）仪器仪表的维修工作应由专业技术人员负责。引进的精密仪器出现故障且无把握排除时，不得自行拆卸。

（11）长期不用或因使用不当而被水淹泡的各种仪表，启用前应进行干燥处理。

（12）长期不用的传感器、变送器应妥善管理和保存。

二十三、化验室运行管理制度

（1）污水、污泥处理正常运行检测的项目与周期，应符合有关规定。

（2）化验检测方法应符合现行的相关行业标准的规定。

（3）化验室的各种仪器、设备、标准药品及检测样品应按产品的特性及使用要求在固定位置摆放整齐，并有明显的标志。

（4）化验室使用的计量器具必须带有“CMC”标志。

（5）化验检测人员应经培训后持证上岗，并定期对其进行考核和抽验。

（6）当日的样品应在当日内完成测试（BOD_5除外），并认真填写检测原始数据。

（7）化验数据宜采用微机处理和管理。

（8）化验室报表应由化验室质量保证人员负责填报，并应按日、旬、月、年逐一整理、报送和存档。

二十四、化验室安全操作规程

（1）应做好化验室的各种安全防护工作。

（2）化验人员应持证上岗，规范操作。

（3）化验室检测人员进行测试时，应佩戴必要的劳动防护物品。

（4）各种精密仪器应专人专管，使用前应认真填写使用登记表，且必须按规定认真操作。

（5）化验过程中的蒸干、消解、回流以及带刺激气味的化验操作必须在通风橱内进行。

（6）易燃易爆物、剧毒物及贵重器具必须由专门部门负责保管，严格按照相关手续领用。

（7）化验检测完毕，应对仪器开关、水、电、气源等进行关闭检查。

二十五、化验室仪器维护保养规程

（1）化验室的仪器设备应进行维护和定期检验。

（2）精密计量仪器设备应进行维护和定期检验。

（3）监测分析人员发现仪器出现故障时，应立即检修或上报。

（4）仪器的附属设备应妥善保管，并应经常进行安全检查。

（5）贵重精密仪器使用的电源应安装电子稳压器。

（6）大型检测分析仪器不宜随意搬动，必须搬动时，除做好记录外，搬动后，应经国家法定计量部门检测通过后方可使用。

（7）分光光谱仪（含红外、紫外、可见光、原子吸收、荧光等）的操作人员对仪器的维护保养应严格限于如下范围：

① 定期擦拭外部镜片；

② 易损部件随着仪器灵敏度、重现性、回收率等指标的降低而适当进行更换；

③ 定期润滑打印机械部位；

④ 附属设备的除尘擦拭与通风等。

（8）化验检测的精度范围、回收率及重现性应符合国家现行的有关标准的规定。

二十六、电动渠道闸门、闸阀安全操作规程

（一）运行前检查

（1）电源处于合闸位置，电源指示灯亮。

（2）开度指示。

（3）润滑状况。

（二）运行

闸门运行有两种模式：手动、自动控制。

1．手动

（1）将控制箱转换开关切换至手动挡，闸门在电动工作状态动作时严禁扳动手/电切换机构；

（2）闸门在中途卡堵或有异声或振动时，检查处理，恢复平滑移动；

（3）闸门在进行定期检查时应注意丝杆转动情况和开度指标器转动情况，防止发生意外。

2．电动控制

（1）电动闸门、闸阀进行定期试车时不得采用电动控制；

（2）将控制箱转换开关切换至“自动”位置；

（3）就地控制闸门启闭，一般只有全开、全闭信号和闸门中间闪烁信号，具体开启度应在现场观察；

（4）自动控制闸门启闭时，值班人员必须到现场查看设备运行控制。

（三）运行注意事项

（1）闸门、闸阀启闭检查后应恢复原状态。

（2）闸门、闸阀启闭检查后应关闭控制箱箱门，防止箱内进水及元器件受蚀。

（3）不经常使用的电动闸门、闸阀，每月必须进行上下运行一次。

二十七、电动葫芦安全操作规程

（1）电动葫芦必须有劳动局颁发的安全使用合格证，并应定期接受劳动局审证。

（2）电动葫芦必须有专人操作，并经劳动局培训合格后持证上岗。

（3）作业前检查：

① 操作者步行范围内无障碍物。

② 由地面观察轨道上不应有异常。

③ 起升、下降、左右运行动作应灵敏、准确；同时按动一组按钮电动葫芦不得动作。

④ 吊载吊钩上升至极限位置时，限位应准确可靠。

⑤ 吊钩在圆周 360° 与垂直 180° 范围内应转动灵活，滑轮转动时无卡阻和碰擦，吊钩螺母防松装置无异常，钩口闭锁装置正常。

⑥ 钢丝绳在一个捻距内断丝数达 6～7 根时应及时予以更换。

⑦ 起升、下降及运行的制动应灵敏可靠。

⑧ 导绳器及其他安全装置动作正常，安全可靠。

⑨ 各润滑部件应有足够的润滑油（脂）。

⑩ 如发现钢丝绳松脱或乱绕时应拆开导绳器，整理后方可正常运行。

（4）每次起吊时应先点动按钮使钢丝绳拉紧后再进行起吊。

（5）正常工作时，不准碰撞导轨两端的车挡。

（6）当制动开关失灵而使货物下降时应及时按上升按钮。待重物上升到一定高度时再按下降按钮，使吊起物能以正常速度下降，待卸货后应立即切断电源进行维修。

（7）电动葫芦停止运行时应将吊钩升至离地 2 m 以上。

（8）严禁超载使用。

（9）禁止斜吊重物、沿地面拖动重物。

（10）禁止用电动葫芦将重物长时间悬吊在空中。

（11）禁止戴手套按动按钮。

（12）吊钩起降限位开关不应作行程开关，更不得拆除。

二十八、配电设备的养护管理

（一）配电设备设施的维护

（1）供电设备和设施的修理是指对供电设备中出现的故障进行的修复。较大的维修项目如变压器的内部故障和试验、高压断路器的调整和试验等，一般采用外委维修的方式。委托供电公司对变压器和高压断路器进行检修和试验。维修时由配电室值班电工负责监督，并将结果记录在“变压器维修记录”和“配电设施维修记录”内。大修后的试验结果由供电公司填写入试验报告。若在供电设备运行中，由于雷击或其他原因出现严重的故障时，首先由值班电工填写“事故报告”并经过主管部门审批后再按上述程序处理。

（2）开关柜、变压器的主要维修保养项目由外委完成，外部清洁及部分外部附件的维修保养由变、配电室值班电工负责，低压配电柜的维修保养由变、配电室值班电工负责。

（3）变压器维修保养。

① 外委维修保养：每年的×月委托供电公司对所有变压器进行测试、试验等项目的维修保养，此项工作由变、配电室值班电工负责监督进行，并将结果记录在“供配电设备设施维修保养记录表”内。

② 外部维修保养：

每年的×月对所有变压器外部进行一次清洁保养，包括：

1）清扫变压器外壳；

2）拧紧变压器引出线的接头，如发现接头烧伤或过热痕迹，应进行整修处理并重新接好；

3）检查变压器的接地线是否良好，地线是否被腐蚀，腐蚀严重时应更换地线。

（4）高压开关柜维修保养。

每年的×月委托供电公司对所有高压开关柜进行一次维修保养，此项工作由变、配电室管理员负责监督进行并记录在“供配电设备设施维修保养记录表”内。

（5）低压配电柜维修保养。

每年的×月对所有低压配电柜内外都进行一次清洁，先用压缩空气进行吹污、吹尘，然后用干的干净抹布擦拭。

① 刀开关维修保养：

1）检查安装螺栓是否紧固，如松弛则拧紧；

2）检查刀开关转动是否灵活，如有阻滞现象则应对转动部位加润滑油；

3）检查刀开关三相是否同步，接触是否良好，是否有烧伤或过热痕迹，如有问题则进行机械调整或整修处理；

4）用 500 V 摇表测量绝缘底板，其绝缘电阻如果低于 10 MΩ则应进行烘干处理，烘干达不到要求的则应更换。

② 熔断器的维修保养：

1）新熔体的规格和形状应与更换的熔体一致；

2）检查熔体与保险座是否接触良好，接触部分是否有烧伤痕迹，如有则应进行修整，修整达不到要求的则应更换。

③ 交流接触器维修保养：

1）清除接触表面的污垢，尤其是进线端的污垢；

2）清除灭弧罩内的碳化物和金属颗粒；

3）清除触头表面及四周的污物，但不能修锉触头，烧蚀严重不能正常工作的触头应更换；

4）清洁铁芯表面的油污及脏物；

5）拧紧所有紧固件。

④ 电容器维修保养：

1）清理冷却风道及外壳灰尘，使电容器散热良好；

2）检查电容有无膨胀、漏油或异常响声，如有则应更换；

3）检查接头处，接地线是否有松脱或锈蚀，如有则应除锈处理并拧紧；

4）检查电容三相不平衡电流是否超过额定值的 15%或是否电容缺相，如是则更换电容。

⑤ 热继电器保养：

1）检查热继电器上的绝缘盖板是否完整，如损坏则更换；

2）检查热继电器的导线接头处有无过热痕迹或烧伤，如有则整修处理，处理后达到要求的应更换。

⑥ 断路器（自动空气开关）维修保养：

1）用 500 V 摇表测量绝缘电阻，应不低于 10 MΩ，否则应烘干处理；

2）清除灭弧罩内的碳化物或金属颗粒，如果灭弧罩破裂，则应更换；

3）断路器（自动空气开关）在闭合和断开过程中，其可动部分与灭弧室的零件应无卡住现象；

4）在使用过程中发现铁芯有特异噪声时，应清洁其工作表面；

5）各传动机构应注入润滑油；

6）检查发现主触头表面有小的金属颗粒时，应将其清除，但不能修锉，只能轻轻擦拭；

7）检查手动（3 次）、电动（3 次）闭合与断开是否可靠，否则应修复；

8）检查分励脱扣、欠压脱扣、热式脱扣是否可靠，否则应修复；

9）检查接头处有无过热或烧伤痕迹，如有则修复并拧紧；

10）检查接地线有无松动或锈蚀，如有则除锈处理并拧紧。

⑦ 二次回路维修保养：

1）号码管是否清晰或掉落，如有则补上新号码管；

2）接头处是否松弛，如松弛则拧紧。

⑧ 主回路维修保养：

1）标示牌是否清晰或掉落，如是则补上新的标示牌；

2）接头处是否有过热或烧伤痕迹，如是则修复并拧紧；

3）母线排油漆是否脱落，如是则重新油漆。

（二）电房绝缘用具、测试工具的测验管理

电气绝缘安全用具的试验标准和周期见表 5-2。

表 5-2 电气绝缘安全用具的试验标准和周期

序号	名称	电压/kV	周期	交流耐压/kV	耐压时间/min	泄漏电流/mA	附注
1	绝缘棒	（6～10）/35	每年一次	44/三倍线电压	5	≤9/≤2.5	高于额定电压的 25%
2	绝缘垫	（6～10）/35	每年一次	30/80	5	≤7.5	
3	绝缘手套	高压/低压	每半年一次	8/2.5	1		
4	橡胶绝缘靴	高压	每半年一次	15	1		
5	高压试电笔	（6～10）/35	每半年一次	40/105	5		

第六节　水处理厂（站）实训平台介绍

长沙环境保护职业技术学院根据环境工程技术发展的需要，建设了一套国内教学机构独有的 200 m³/d 综合污水处理系统——污水处理教学平台。教学平台是一套具有三级处理功能的污水处理设施，它既能完全、有效地运行 200 m³/d 综合污水净化的工程，又能向学生展示污水处理的工艺流程、净化机理和污水净化设备的工程结构、设备配置、电器控制。工程不仅配备了潜污泵、管道增压泵、自吸泵、水射溶气装置、活性炭吸附过滤柱、涡流反应器、气浮反应器等传统污水净化设备，还配备了斜管沉淀、螺旋孔软管曝气、半软性填料挂膜生物接触氧化、O_3 深度氧化脱色、多维电器控制和中水回用等新一代污水处理工艺装备。既是环保学院及相邻单位外排污水的净化处理场，同时又是培养具有实际工程设计能力的环保人才的重要教学设施。

污水处理教学平台的处理流程，以对水的净化程度区分，可分为一级处理、二级处理和深度处理三个阶段。一级处理包括隔栅拦截、隔油沉砂、水质调节等工艺步骤。二级处理为生物接触氧化、物化絮凝、二次沉淀等工艺步骤。深度处理则包括活性炭吸附和臭氧氧化处理。通过不同的管阀控制，基础处理阶段可以实现如图 5-3 所示的多种流程。

经过二级处理之后的深度处理，亦可以通过管阀控制实现二种流程，如图 5-4 所示。

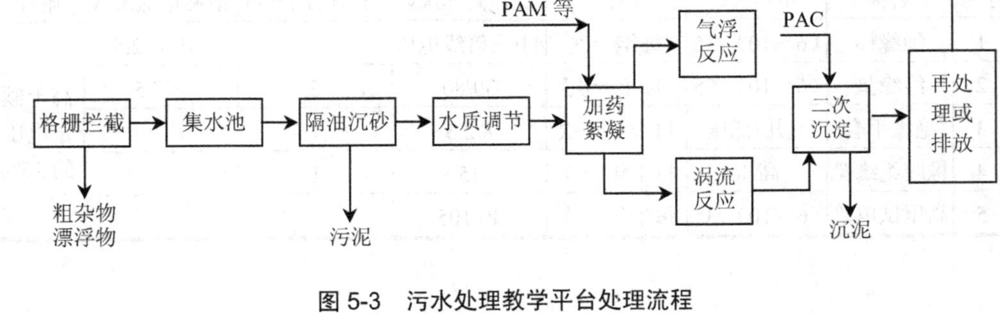

图 5-3　污水处理教学平台处理流程

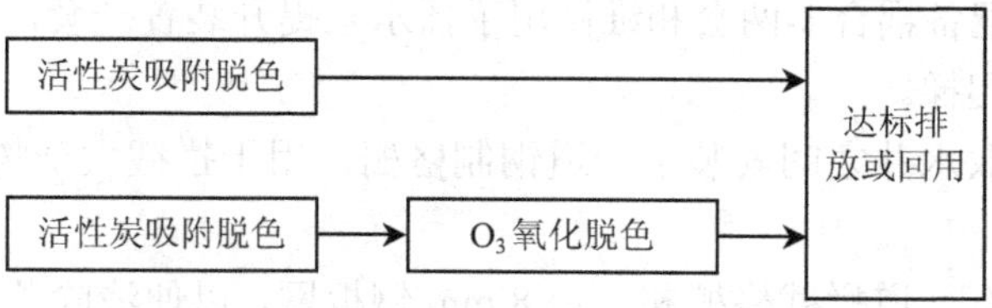

图 5-4　二级处理之后的深度处理流程

上述众多的工艺环节中，格栅拦截、隔油沉砂两道物理分离工序起清除污水中固态污染物、对污水进行曝气前的预净化的作用，运行成本低，是净化系统中的必要工序。

絮凝并进行二次沉淀，是清除细小固态污染物和胶体态污染物的传统、有效的工艺措施，也是治污运行不可或缺的工序。活性炭吸附则是清除胶体态有机污染物的有效手段，但活性炭再生比较麻烦。

系统中的生物接触氧化和臭氧氧化，是清除溶解态有机污染物（离子态有机污染物）的必要工序，但运行费用高，实际运行时，应根据污水的水质情况选择启用。

一、工程设施

（一）主要构筑物

水处理平台的工程主流程设施包括取水井、格栅池、集水池、隔油沉砂池、调节池、生物接触氧化池、二沉池、回用清水池、各类反应器、设备控制台等。除取水井修建在学院原地下总排污口外，其他设施均修建在学院实验大楼南面老塘边的两道挡土墙之间、宽 10 m 长 53 m 的回填土地坪上，包括设备房占地，总占地面积为 690 m^2。场内设施均按工艺流程由东向西修建，污泥干化池、集油池、溢流水沟、雨水沟、路灯等辅助设施依序排列于主流程设施南侧。

教学观摩走廊除地面水泥走道外，主体设施均安装了池顶环池钢制走廊，走廊宽度 600 mm，两边装配有高度为 1 200 mm 的安全护栏，各池顶走廊由钢制踏步连成一体，安全、实用。

主流程设施包括：

1. 取水井系统

取水井系统由分水池和取水井两座钢混池构成。

分水池为 Φ700 mm/ Φ1 200 mm×3 400 mm 的圆井，池底标高−3 100 mm，其作用是承接从三支地下管道引入总排口流泥井的各种污水，使污水既能保障取水井所需水量，又能确保超负荷量污水自动溢流回原总排口流泥井。

取水井为异形方井，有效池容量 8 m^3，池底标高−5 800 mm。池底装 Q=12 m^3/h

潜污泵两台，并配备耦合器两套和维修用手摇水泵提升装置一套，池内装有 YK-5A 液位探头及入井爬梯。

在分水池与取水井之间安装了一道钢制格栅，用于拦截大杂物。

2．集水池

集水池前设有一道拦截格栅和一道 8 mm 钢板网，以便清除落入污水中的树枝、树叶等杂物；格栅池为沟渠式钢筋混凝土结构，断面尺寸 800 mm×800 mm，池长 3 200 mm。

集水池为钢筋混凝土结构的方池，尺寸为 $L\times B\times H$=2 000 mm×2 000 mm×3 200 mm，池底标高−2 800 mm；池底泵坑装配 Q=10 m^3/h 潜污泵两台；池壁装有入池爬梯和 YK-5A 液位探头；池旁装有水泵现场控制落地箱。

3．隔油沉砂池

隔油沉砂池为联体双池、地上钢筋混凝土结构，池宽分别为 1 080 mm 和 1 200 mm，集泥坑底标高−800 mm，池顶标高+3 300 mm，池总长 6 900 mm；池内沉淀区长 5 300 mm，深 1 800 mm，内装 U-PVC 斜管填料，尾端安装手动翻板阻水式溢流堰；池尾集水沟设置有超高水位溢流管。

双池共装浮污油汇流管三组，各池可单独工作也可同时工作。

4．调节池

调节池采取钢筋混凝土、普通平流沉淀池结构，工作池容积 68 m^3，池顶标高+3 300 mm，$L\times B\times H$=8 300 mm×3 000 mm×3 200 mm，池尾集泥坑深度超过 1 800 mm，依靠水头所具有的压力，通过底部泥管排泥；池尾集水沟装有超高水位溢流管，池壁安装入池爬梯。

5．接触氧化池

接触氧化池设计为联体双池、钢筋混凝土结构，单池尺寸 $L\times B\times H$=4 100 mm × 2 200 mm×5 250 mm，池顶标高+2 800 mm，每池底部安装四段 DN65 螺旋孔曝气软管；池中部装有钢制填料架两层，在填料架中部有一钢制爬梯直通池底并将两层填料架牢固相连；两层填料架间装有半软性填料共 588 根，用于微生物挂膜。

两个接触氧化池入口管通过蝶阀控制，可单独运行也可双池同时运行。

6．水射溶气气浮装置

水射溶气气浮装置由增压泵、水射器、压力溶气罐和气浮分离器组成。

所配增压泵为立式管道增压泵：流量 Q=10 m^3/h，扬程 H=40 m；压力溶气罐胴体尺寸为 Φ600 mm×800 mm，内装 U-PVC 散气填料 0.68 m^3，椭圆封头制作的罐盖上装有压力表，底部装有污物排空阀。

气浮分离器下部浮升筒无缝钢管直径为 Φ300 mm，长度 3 800 mm，上部分离桶尺寸为 Φ900 mm×1 200 mm，装有出水管阀和排泥管。分离器总高 4 200 mm，能为底部入水提供约 0.04 MPa 的入水阻力。

7．涡流反应器

涡流反应器为钢制敞口容器，下部反应桶直径 900 mm，深 1 800 mm，能为污水提供 8～10 min 反应停留时间，上部集水桶尺寸 Φ1 400 mm×400 mm，装有出水阀，反应器锥形底部装有排泥放空阀。

8．二次沉淀池

二次沉淀池宽 2 200 mm，总长 5 100 mm，池顶标高+2 300 mm，有效池深 2 500 mm，入水端积泥坑底部标高 1 500 mm，坑底排泥管将底部污泥引入回泥泵，定期回流污泥至接触氧化池或排泥至污泥干化池；主池尾端安装钢制溢流堰，堰后集水槽装有排水管和超高水位溢流管。

9．臭氧接触氧化箱

臭氧接触氧化箱为方形钢制容器，内置三层挡流板，底部装有十字形布气管；箱顶装有两根残气释放管，进出水管标高分别为+1 080 mm 和+1 900 mm，主体接触氧化腔尺寸 $L\times B\times H$=700 mm×700 mm×2 000 mm，水力停留时间 HRT≈20 min，出水返回清水池。

10．活性炭吸附柱

活性炭吸附柱采用升流式结构，胴体尺寸 Φ800 mm×2 000 mm，内装柱状颗粒活性炭 600 kg，填充高度 75%；顶部圆盖上装有反冲洗水◎形布水管；锥底进水并装有放空阀。

11．回用清水池

二沉池出水可直接排入清水池，也可经过臭氧氧化或活性炭吸附后回入清水池。清水池为钢混结构的地上池，池深 3 200 mm，池顶标高+2 300 mm；池内安装潜入式清水泵 1 台（设计 2 台，存库备用 1 台），水泵出口与自来水管相通；池壁装有入池爬梯和 YK-5A 液位控制器探头；池外装有清水泵现场控制箱。

（二）配套设施

1．污泥回流泵

污泥回流泵选用立式管道增压泵，入口与二沉池底泥管相通，起将接触氧化池出水带走的生物污泥送回接触氧化池的作用；Q=6 m^3/h、H=6 m、电机功率 0.55 kW，泵旁池壁上装有现场控制按钮；回泥泵出口装有排污阀，可将剩余污泥排入污泥干化场。

2．配药投药箱

配药投药箱置于离地面 2 m 高的钢制箱架上，用工业 PVC 板热熔焊而成，装有 PVC 工作阀和清洗用底阀各一个；箱边配置自来水龙头，可配制并混加 PAC、PAS、PFS 等无机絮凝净水剂；药箱有效容量 600 L，单箱投药量 25～50 kg，配制一次可支持污水运行 3～6 h。

3. 罗茨鼓风机

罗茨鼓风机送风量为 2.2 m^3/min，出口风压 0.66 MPa，电机功率 4 kW；进出口均安装有橡胶弹性接头和消音器，出口消音器后装配了安全阀和压力表；正常情况下，单台风机可供一个接触氧化池进行好氧曝气。

4. 浮污汇集池

浮污汇集池用于汇集隔油沉砂池的排污管排出的浮油浮泥，采用地上池、钢混结构，池容 1 m^3；池壁装有入池小爬梯；出泥分两管走，一管进入污泥干化池，另一管可排入清泥容器直接运出。

5. 污泥砂滤干化池

污泥砂滤干化池深 900 mm，总面积 8.8 m×2.4 m，在长度方向以两道砖混墙均分为三格，斗底排水管通入集泥池，自底而上敷设了鹅卵石、棕垫、河砂三种。

6. 污泥滤出液汇集池

污泥滤出液汇集池简称集泥池，为地埋式钢混结构的异形方池，池容 6 m^3，池底标高−3 600 mm，地面池口尺寸 800 mm×600 mm；配装耐腐蚀污泥自吸泵两台，以便将泥水抽回污水处理系统进行再处理；泵旁装有现场控制开关箱；池壁设置了入池爬梯和 YK-5A 液位控制器探头。

7. 设备房

水处理平台共有污水深度处理室、电器控制室、风机房三间设备用房，总占地面积 5.4 m×14.8 m。

8. 照明设计

三间设备房内安装 40 W 日光灯四支，其中，风机房两支，另外两房各一支；污水处理场地安装高 5 500 mm、400 W 钠灯三支，既解决了场内值守照明，亦缓解了场地南边的失重感觉。

（三）管路系统

水处理平台的污水管路一律使用镀锌钢管；采用“系统前端一次提升、依靠水位差实现池间自然走水、反应器前安装管道泵增压”的走水设计；管道安装根据走水需要采用了地埋敷设、地面敷设、多层架空敷设方式；配合各池的超高水位溢流管，流程流量采用了前大后小设计，自然保持流程各段的水量平衡。

为了方便教学，在主流程中的“调节沉淀”与“二沉”之间，按照“直接二沉”“生物接触氧化→二沉”“絮浮→二沉”“絮浮→生物接触氧化→二沉”“絮凝→二沉”等多种工艺，配置了选取不同流程的管道和蝶阀。

（四）电气控制

水处理平台的电气控制采用了“液位自动控制+时间自动控制+操作室与机旁双

点手动控制”的智能化控制设计，实现的控制模式如下：

（1）取水井、集水池、集泥池、清水池装有 YK-5A 液位自动控制器，可以实现：① 高水位自动启动，进入正常单泵工作状态；② 超高水位报警、备用泵自动启动，进入双泵工作状态；③ 水位回落后备用泵自动停止，低水位常用泵自动停止工作；④ 超低水位主控室声光报警。

（2）取水井、集水池、集泥池、清水池泵组、反应器增压泵组和风机组电机在正常单泵工作状态下，由时控电路控制，双机每两小时自动替换进入工作状态。

（3）对各处水泵、风机、臭氧发生器等设备，既可以在设备房的电器控制室观察其运行状态和进行控制，也可以在现场机旁进行自动→手动转换及启动、停止操作。

（4）“自动→手动转换”按钮和“手动→自动转换”按钮均为联动按钮，轻按可关闭工作状态，深按则启动所指的工作状态；在自动工作状态下，控制室控制柜和现场控制箱上各机的启动、停止按钮不再有控制作用；在手动工作状态下，时控、液控等自控回路处于断电状态，时控器将依靠内储能源延续计时。

（5）活性炭吸附柱前的增压泵和二沉池的底泥回流泵没有设置自动控制，但均按“操作室与机旁双点手动控制”安装了控制装置。

根据电器控制需要，取水井、集水池、集泥池、清水池等泵组的安装点与主控室之间均埋敷了电源电缆（每泵一根四芯）、控制电缆（每泵一根六芯）、信号电缆（每池一根六芯）；反应器增压泵组、风机组、污泥回流泵、活性炭吸附柱增压泵、臭氧发生器的安装点与主控室之间埋敷了电源电缆（每机一根四芯）、控制电缆（每机一根六芯）。

水处理平台共计各类电器 30 台件（含大小控制柜、箱 8 个），目前，总装机容量 22.5 kW，正常工作最大容量 18 kW；主电源从学院实验大楼配电室、绕大楼西南边引入，使用电缆为（kVV3×25+16）铜芯电缆，埋敷长度 180 m，安全载荷 25 kW。

二、工程运行准备

（一）生物处理运行准备

（1）查取水井、集水井、集泥井、集油池液位情况；

（2）检查控制台液位指示状态；

（3）检查风机油位和阀门开启情况；

（4）检查各管道阀门开/关状态，关闭排污阀。

（二）物化絮凝处理运行准备

（1）关闭生物氧化池进口阀，打开气浮反应器至生物氧化池的阀门，或至二次沉淀池的进口阀；

（2）打开管道增压泵进口阀，排空泵内空气；

（3）打开气浮反应器或涡流反应器的进口阀；

（4）将调配好的絮凝剂加入投药箱备用；

（5）检查调节池液位情况，达到一定液位方可连续工作。

（三）化学深度处理运行准备

（1）打开吸附柱增压泵进口阀、吸附柱进出口阀和O_3反应器进出口阀；

（2）关闭反冲洗阀和排污阀；

（3）打开O_3发生器进水阀、O_3出口阀；

（4）检查药剂情况。

三、系统运行

（一）生物处理运行操作

（1）启动取水泵自动控制按钮，检查格栅池进水情况；

（2）待集水井液位达到高水位时，启动提升泵自动控制按钮，检查、打开隔油阻水板；

（3）打开风管阀门，启动风机，检查曝气和风管排水情况；

（4）每2小时巡查系统和设备运行状况是否正常，并做好运行状况记录；

（5）从二次沉淀池溢流堰处取水样分析污水处理是否合格。如不合格，打开排放阀排除不合格水。待合格后再关闭排放阀，从清水回用池进水。

（二）物化絮凝处理运行操作

（1）启动取水泵和污水提升泵自动按钮，调节池贮水；

（2）打开药箱加药阀（控制一定的流量）。

（3）启动管道增压泵，检查气浮反应器或涡流反应器的运行情况和调节池水量（保持一定水量）。

（4）调节气浮反应器排水阀，控制浮泥排放和污水回流量。

（三）化学深度处理运行操作

（1）在二次沉淀池出水正常情况下，打开吸附柱增压泵进口阀，启动增压泵。

（2）打开 O_3 发生器出口阀，启动发生器。

（3）检查出水情况，取水样分析。

（四）污泥回流/干化操作

（1）回流操作：打开污泥回流泵进口阀，关闭排放阀，启动污泥回流管道泵，将污泥提升至生物氧化池回用。

（2）干化操作：打开污泥回流泵、打开地排管排放阀，选择打开干化池闸门，将污泥引入干化池。

（3）及时抽排集泥井内过滤水，以保证干化池滤水畅通。

（4）干化后的污泥外运处理（做垃圾处理）。

（五）除油操作

（1）除油沉砂池水面油污较多时，放下阻水板，启动集水池污水提升泵，蓄高液位。

（2）当液位达到除油管口时，调节阻水板开度，控制水油分离。待油污分离完，打开阻水板，降低液位。

（六）关闭系统

（1）如是长期停止运行，须切断动力电源，排放涡流反应器、气浮反应器、吸附柱等设备内余水；关闭风管阀门，打开排水阀门排水。

（2）如果是短期停止运行，只需轻按“自动→手动”或“手动→自动”按钮，使控制台处于停止工作状态。

四、设备保养与操作安全

对各类设备进行正确的日常保养和定期维修，是污水处理教学平台处于良好的运行状态的保证。

（一）巡视检查保养

（1）每 2 小时对各类所属设备巡视检查一次，对污水处理运行情况及时记录；

（2）巡视各类设备是否处于正常状态，以看、听、摸、闻工作法检查设备运行情况。

① 看：查看控制柜各仪表指示灯是否正常，电压、电流表数值是否在额定范围，如不正常应查找原因；风机油箱油位是否符合标准，有无漏水漏油现象；水泵、阀门、管道有无漏水现象（水泵、阀门水封处少许滴水属于正常现象）；各水泵流量是否正常，各池子水位有无异常；各类设备的清洁状态。

② 听：控制柜内继电器有无异响；风机、水泵、电机运转有无异响。

③ 摸：电机、水泵、风机的外壳温升是否正常，一般不超过周围环境温度 35℃（不可以触摸转动和接电部位）；电动机、水泵、风机有无过分振动及特殊变化；电源线绝缘体温升是否正常。

④ 闻：各电动机、控制柜有无异常焦味；水泵填料压盖是否有摩擦焦味。

（二）设备保养

（1）做好各设备、机房表面清洁工作。

（2）定期检查各泵入口和叶轮，清除泵内垃圾。

（3）定期清洗液控仪电极头，以保证液控仪反应灵敏度。

（4）注意查看各轴承的油量、油质和温度。润滑油工作 500 h 换一次，润滑脂工作 3 000 h 换一次。

（5）滚动轴承每周加注润滑脂一次，润滑油低于正常油位时应及时补充。

（6）检查各部件螺丝有无松动。

（7）定期排放池底污泥、冲洗斜管填料以及清除池底垃圾。

（8）各运转设备工作一年时间须中修一次，工作两年须大修一次。

（三）安全操作

污水处理教学平台在运转过程中，可能会产生一些不安全、不卫生的因素，因此应加强教育，采取预防措施，以“安全第一，预防为主”的要求进行安全操作，防止事故和疾病的发生。

（1）工作人员进入较深的池内、池底工作，须穿戴好劳动防护用品并在有人监护的情况下进行工作（必要时系好安全带，戴上安全帽）；

（2）工作完成后须将接触过污水的皮肤仔细清洗，有伤口的皮肤不宜接触未处理的污水；

（3）对电动、电器设备进行清洁、维护时，应切断电源，并挂上“有人工作，请勿合闸”的警示牌。

（4）不要用湿手启动开关按钮，不要用水冲洗电器设备。

（5）发现腐蚀损坏的踏板、爬梯、铁栅，应及时更换。

（6）遵守安全用电制度，非电工不能拆装电气设备。

（7）发现异常情况，应及时检查并通知有关人员处理。

第六章 毕业实习、毕业设计指南

第一节 毕业实习和毕业设计的目的与作用

高等职业技术学院毕业实习和毕业设计的教学过程，是实现培养目标的重要阶段。毕业实习和毕业设计是学生在毕业前的综合训练阶段；是学习、深化、拓宽、综合教学的重要过程；是学生学习、研究与实践成果的全面总结；是培养学生综合素质和工程实践能力的重要方法；是学生毕业及学位资格认定的重要依据；是衡量高等教育质量和办学效益的重要评价内容。

水污染控制实习是职业学院环境类专业重要的专业实践课。其任务是通过在环境工程工地、水厂、污水处理厂、垃圾处理厂、厂矿企业、环保设备厂等处进行实习和职业技能训练，理论联系实际，强化培养学生的综合职业能力、独立工作能力、专门实践技能和爱岗敬业的职业品质，提高其业务素质，从而达到培养目标和业务规格的要求，为学生毕业后承担技术工作、生产工作和管理工作奠定基础。

毕业设计是完成教学计划，培养高素质人才的重要环节。通过深入工程实践、完成工程设计、撰写研究论文等毕业设计（论文）环节，着重培养学生综合分析和解决问题的能力、组织管理和社交能力、独立工作能力，培养学生严谨的科学作风和认真的工作态度，树立事业心和责任感，毕业设计（论文）对于提高毕业生全面素质具有重要意义。

第二节 毕业实习和毕业设计大纲

一、基本知识目标

（1）了解环境污染调查、工程治理、设备运行、维护及环境评价与其他污染防治的基本知识。

（2）掌握环境工程技术、环境保护设备设计、给排水工程等课程的有关水处理方面的理论知识和基本原理，如：水体污染与自净、水的预处理、混凝、沉淀和澄清、过滤、消毒、水的好氧生物处理、水的厌氧生物处理、污泥的处理、水的化学与物理化学处理、循环水的冷却与处理、废水的深度处理与再利用、给水厂和污水处理厂（站）的设计运行与管理等。

二、能力目标

（1）具有环境要素识别能力。

（2）具有污染源调查分析能力。

（3）能阅读和分析使用简单的环境工程图。

（4）初步具备环境工程现场施工与管理的基本能力。

（5）初步具备环境设备运行管理与维护能力。

（6）具有开展环境保护工作的初步能力。

（7）具有从事厂矿企业、水厂、污水处理厂（站）、垃圾处理厂（站）等水、气、固体废物污染处理技术工作的基本能力。

三、思想教育目标

（1）具有热爱科学、求真务实的作风和创新意识、创新精神。

（2）具有爱岗敬业的优良品质，不怕苦、不怕脏的敬业精神，实事求是、严谨负责的工作作风。

（3）具有团结协作，踏实肯干的基本素质。

（4）具有良好的职业道德。

四、污水处理厂实习内容与要求

（一）实习内容

通过在污水处理厂和其他地方进行实习，理论联系实际，掌握污水处理的一般方法、工艺流程、典型污水处理工艺、污水处理设施（设备）等，具体实习内容如下：

1. 城市污水处理的一般方法

城市污水处理就是利用各种设施设备和工艺技术，将污水中所含的污染物质从水中分离去除，使有害的物质转化为无害的物质、有用的物质，水则得到净化，并使水资源得到充分利用。

城市污水处理技术通常有物理处理技术、化学处理技术、物理化学处理技术、生物处理技术等。

（1）物理处理：沉淀、筛滤、过滤、气浮、反渗透等；

（2）化学处理：中和、氧化还原、混凝等；

（3）物理化学处理：萃取、除气、吸附、离子交换等；

（4）生化处理：好氧生物氧化分解（活性污泥法、生物膜法等）、厌氧生物发酵（还原）技术、消毒等。

学生到污水处理厂实习，根据环境工程技术等课程所讲述的理论知识，理论联系实际，掌握污水处理技术和方法，及其基本原理、实际控制和维护管理。

2．污水处理工艺流程

污水处理工艺流程实际上是以上处理方法的应用与组合。按工艺流程和处理程序可分为：

（1）预处理：格栅处理、泵房抽升、沉砂处理等；

（2）一级处理：初次沉淀池；

（3）二级处理：由沼气池和二次沉淀池构成；

（4）深度处理：混凝沉淀和过滤，加氯和接触池等；

（5）污泥处理和污泥最终处置：主要包括浓缩、消化、脱水、堆肥或农用填埋等。

通过在污水处理厂实习，使学生理论联系实际，掌握以上处理工艺，并能实际应用。

3．典型污水处理工艺

目前，国内外最流行的污水处理工艺是以传统活性污泥法为核心的二级处理。

（1）缺氧—好氧或厌氧—缺氧—好氧工艺（A/O 或 A^2O 工艺）；

（2）传统活性污泥法；

（3）序批式活性污泥法工艺（SBR 工艺）；

（4）氧化沟工艺（延时曝气活性污泥法）。

通过在污水处理厂实习，使学生理论联系实际，掌握以上典型污水处理工艺，并能实际应用。

4．污水处理设施（设备）

（1）物理处理设备：沉淀装置、澄清装置、上浮分离装置、气浮分离装置、离心分离装置、磁分离装置、筛滤装置、过滤装置、污泥脱水装置、蒸发装置等；

（2）化学法处理设备：酸碱中和装置、氧化还原和消毒装置、混凝装置；

（3）物理化学法处理设备：萃取装置、除气装置、吸附装置、离子交换装置、膜分离装置等；

（4）生物法处理设备：好氧生物处理装置及设备、厌氧处理装置、厌氧—好氧处理装置；

（5）小型污水处理设备：如生活小区污水处理设施、组合式污水处理设备；

（6）物理法水处理设备：如磁水器、高频水改器、静电除垢器、低压电场式水处理器等。

（二）实习要求

通过在污水处理厂实习，要求每个学生写一份实习报告（包括工程概况、污水处理方法、工艺流程、处理设备、参加实习的项目、认识和收获等）。

实习期间应遵守工地有关规章制度，按有关规程、规范进行操作，不懂就问，虚心学习。

五、给水处理厂实习内容与要求

（一）实习内容

（1）取水和给水工程；

（2）水处理工程和水处理方法；

（3）原水的取样、化验、成分分析；

（4）给水处理混凝剂类型、性质、特点；

（5）混凝剂的投加方法及投加量；

（6）水的混合与反应构筑物的类型、特点和要求；

（7）沉淀池（或澄清池）的类型、特点、构造；

（8）过滤原理、方法及结构；

（9）消毒处理方法及流程；

（10）泵站布置；

（11）水厂的工艺流程和布置。

（二）实习要求

通过在水厂或厂矿企业实习，了解水处理工艺流程，掌握常用的给水处理方法设施和构筑物。

注：每天按6学时计，每周为5天，一周为30学时。

六、说明

由于学生实习的条件不同，实习内容不可能面面俱到，根据各地特点和优势，实习内容可有所侧重，即以某一方面的内容为主，兼顾其他方面。

本大纲的教学要求分为了解、理解、掌握三个层次。

（1）了解：指对基本知识和理论有初步和一般的认识。

（2）理解：指对知识有比较清楚的认识，具有初步运用能力。

（3）掌握：指对基本知识和基本原理有具体和深入的认识，具有一定的分析和运用能力，能综合、灵活地运用所学知识和技能。

第三节　毕业实习和毕业设计的主要步骤

一、毕业实习或毕业设计工作的组织、安排、管理

教研室应有专人主管或组织专门的领导小组，负责毕业实习或毕业设计题目的审查和毕业设计工作的检查。同一课题的学生应设课题组长，以便协助导师做好组内协调和其他有关行政工作。

二、毕业设计的主要步骤

（1）任务的确定及下达。

（2）思想动员。主管部门应做好指导教师及辅导教师、学生的思想动员工作，讲明毕业实习或毕业设计的目的、作用、要求、管理措施、评分标准等。

（3）开题报告。

（4）中期检查。

（5）答辩。学生撰写毕业实习报告或毕业设计文件或研究论文都要装订成册，指导教师审查，聘请教师评阅，教师组织答辩小组，然后学生参加答辩。

（6）评选优秀毕业论文。

（7）成绩汇总。主管部门应检查评分标准执行情况，必要时应做出相应调整。

（8）文件归档。毕业实习报告或毕业设计（论文）是反映学校培养人才最后一个环节的历史资料，是教学类科技档案的重要组成部分。它既有现实使用价值，又有历史与教育研究的价值，应按“统一领导、分级管理”的原则，做好收集、编目、归档、保管和提供使用工作。对于优秀的或具有学术价值的毕业设计（论文）应由校或院、系的科技档案管理人员予以保存。其他毕业设计（论文）可由指导教师所在教研组保管；为便于教学主管部门检查，应保留近期三届全部学生的毕业设计资料。

（9）工作总结。应包含毕业设计任务完成情况、成果、成绩评定、突出的指导教师及学生情况，以及主要工作经验等。

第四节　毕业实习和毕业设计对指导教师及学生的要求

一、毕业实习和毕业设计对指导教师的要求

指导教师应思想作风正派，有较高的业务水平和实践经验，一般应是讲师以

上（含讲师及有经验的工程师）职称。根据需要也可安排辅导教师，争取聘请有经验的生产、科研单位的技术人员参加指导。对在实际工程设计单位作毕业设计而由该单位技术人员指导为主的课题，仍应配备本系指导教师，负责联系和指导、掌握教学要求、了解进度，以保证毕业实习或毕业设计质量。指导教师名单应由教研室认可。

指导教师在编制毕业实习或毕业设计任务书、拟订培养计划时应考虑对学生的培养要求。同一课题的学生，每人必须有独立完成的任务和要求。旨在培养学生树立严谨、勤奋、求实、创新的学风，教育学生增强事业心。

指导教师要保证有足够的时间与学生直接见面，一般一周不宜少于 3 次，抓好关键环节的指导，既不包办代替，也不要放任自流。注意调动学生的积极性，充分发挥其主动性、创造性。

指导教师要指导学生做好开题报告，配合教研组进行中期检查，指导学生撰写毕业设计，根据学生表现、完成成果质量，填写毕业设计评语及成绩。

指导教师还应协助做好毕业设计文件归档收尾工作。

二、毕业实习和毕业设计对学生的要求

每位学生应根据各自指导教师下达的任务书，认真完成毕业设计工作。综合运用所学知识解决实际问题，结合毕业设计，获取新知识，提高独立工作能力，在完成学习任务的同时，创造出丰硕的成果。

每位学生必须参加毕业实习或毕业设计的各个训练环节；完成课题任务并有相应的成果，编写报告或撰写论文；参加答辩；写好毕业设计小结。

学生实习及设计期间，须端正态度，尊敬老师和现场管理人员，不得出现顶撞老师和人员的现象，虚心学习，努力创造学习氛围。否则指导教师可终止其实习，成绩按不合格计。

实习及设计期间不得无故缺席，病假须有医院证明，迟到、早退、无故缺勤者，一次扣 10 分。不服从分配和管理，打架斗殴、抽烟、酗酒者实习成绩按不及格计。

实习期间一定要遵守工作时间，服从实习点的作息时间；要坚守岗位，不能离岗、串岗；尊敬工作人员，勤学好问，虚心学习，与工作人员搞好关系；勤于收集设计资料，看懂图纸；遵守工作点的操作规程，未经许可，不准乱动电器设备；严格请假制度，有事必须请假，上班时间不准看与专业无关的书籍、看报、打牌等。

第五节　毕业实习、工程调研和毕业设计报告的编制

一、毕业实习报告

毕业实习的目的是了解生产工艺，调查污染源、污染治理方法、处理设备的运行参数、处理效果，污染治理工艺的特点与存在问题，总结运行管理经验，增加工程实践概念，增强工程设计能力。

毕业实习时间一般为4～8周。包括调研实习与定点跟班运行实习两部分工作。

调研实习工作主要包括：了解环境污染处理厂、站的工艺路线，平面、高程布置；主要处理设备（构筑物）的尺寸、负荷、处理效果、处理效率，泵、风机及其他动力设备的能力（风量、水量、压力、输送量、功率等），辅助构筑物的配置，管道的管径等。跟班运行实习工作着重深入了解某一两个设备的运行情况、运行条件、运行特点及存在问题，测定设备进出口各类污染物浓度，计算其处理效率、处理负荷、设计参数。实习结束应完成实习报告，内容包括处理厂、站工艺流程（图），工艺说明，各处理设备（构筑物）的处理目标和作用，设备尺寸、负荷、处理效率等，分析总结该处理厂、站工艺设计的合理性、正确性、技术先进性。

二、工程调研报告

工程调研是根据给定的毕业设计任务，到项目所在工厂及数家相关工厂调查生产工艺及污染物处理厂、站的实施情况，作为毕业设计的依据或参考。由于环境工程污染物种类及浓度的多变性，几乎很难找到污染物品种、数量完全相同的工厂与工艺，因此相关调研结果，只能供设计时参考。生产工艺的不同，决定了污染物的变化因素的复杂性。注意生产工艺的改革将大大影响污染物排放的数量与性质。清洁生产工艺有可能大幅压缩污染物排放量。因此与毕业实习略有不同，工程调研强调对生产工艺及污染源的调查。

首先，要了解生产工艺，包括产品原料、生产设备、操作条件、污染物产生点、产生量。向生产线技术人员请教，讨论改革生产工艺，以回收“废水、废气、废渣”中的有用产品，减少污染物排放量及排放浓度。这方面工作潜力很大，只要找出污染的症结所在，找到改革办法、提出清洁生产工艺，就可以减少原料消耗、提高产品质量、减少清理负荷。这项工作是环境工程调研的前提与重点。其次，要进行污染源调查，要发现工业污染物排放管理上的漏洞与弱点（轻微污染、经简单处理可以回用的污染源应分类筛选出来），计算出污染物排放量、种类、特性及排放浓度。再次，要调查相关工厂的治理工艺，提出本项目污染治理方案并进行比较，评价本

工程的规模与处理方法的正确性、科学性。调研结束后应写出调研报告。

三、毕业设计文件的编制

毕业设计对学生的要求较高，毕业设计完成时，须将毕业设计报告装订成册。毕业设计报告包括以下几部分：

（1）开题报告。

（2）外文翻译资料（附原件）。

（3）毕业设计说明书（附文献综述）。

（4）毕业设计计算书。

（5）毕业设计图纸。

（6）计算机程序及原始数据表。

（7）如为毕业论文，则需要附试验数据原始记录。

（8）毕业设计报告装订成册后连同毕业设计任务书、毕业设计工作总结装入专用档案袋，交指导教师评阅。

第六节　毕业实习和毕业设计的成绩评定

毕业实习和毕业设计要进行严格的考核，评分表如表 6-1 所示。对学生完成的工作量及学生在实习、毕业设计过程中的综合实践能力和创造意识进行考核。

对于毕业设计中弄虚作假，借用、抄袭他人设计成果，严重违反纪律的学生，则不予参加答辩，并以不及格论处。

表 6-1　毕业实习或设计成绩评分表

（指导教师用，共 45 分）

姓名：		学号：				题目：	
序号	项目	权重	分数	序号	项目	权重	分数
1	纪律表现	3		5	开题报告	5	
2	工作态度、学风	8		6	设计说明	5	
3	任务饱满度	6		7	设计计算书	5	
4	任务难度、复杂性	8		8	图纸	5	
成绩：							
指导教师评语： 导师（签字）： 日　　期：							

毕业实习或设计评分表

（评阅人用，共 20 分）

序号	项目	评分	权重	评阅人评语
9	任务饱满度、难易度		5	
10	成果质量		15	

成绩：

评阅人（签字）：

日　　期：

毕业实习或设计评分表

（答辩组用，共 35 分）

序号	项目	评分	权重	评阅人评语
11	成果水平及质量		5	
12	口头报告		15	
13	回答问题		15	

成绩：

答辩组长（签字）：

日　　期：

第七章 水处理工程设计实例

第一节 设计方案的确定

长沙环境保护职业技术学院始建于 1979 年，原为国家环境保护总局下辖的唯一一所环保中等专业学校。学院位于长沙市雨花区井奎路，占地 1 542.7 hm^2，建筑面积 7 万余 m^2。学院目前在编教职工 260 人，在院学生约 2 600 人。学院通过多年的建设，已经拥有较完善的教学、实验设备和强大的教师队伍。

为适应学院发展的需要，也为进一步强化学院的固有技术特色、形成在环境工程治理技术研究手段上的优势，同时为在院学生、教师提供一个工程治理的中试实验、实习基地，并为学院进一步升级为专业大专、本科类院校打下基础，学院拟在第二实验楼南面新建一座水处理实验平台。2001 年 6 月，开始进行该水处理实验平台的设计。

一、设计依据

（1）长沙环境保护职业技术学院水处理实验平台设计技术服务合同书

（2）长沙环境保护职业技术学院水处理实验平台技术方案

（3）GB 8978—1996《污水综合排放标准》

（4）GB 3838—2002《地表水环境质量标准》

（5）GB 50014—2006《室外排水设计规范》

（6）GBZ 1—2002《工业企业设计卫生标准》

二、设计原则及目的

（1）从满足教学、科研的要求出发，本实验平台应能满足工程治理的中试实验要求和在校学生的教学、实习、毕业设计范本等内容的要求。

（2）实验平台应体现国内环保水处理工程的最新技术和工艺，起点高、工艺先进、实用性强。

（3）实验平台应包括污水治理工程常用的各种方法。

（4）设计应充分利用现有场地，并考虑学院的长远规划。

（5）处理装置操作简便，便于检修维护。

（6）突出时代特色，预留实验平台的电脑自控（联控）、在线监测的程序设计等。

三、设计参数

（1）根据甲方的要求，本技术方案以学院教学楼生活污水、实验楼生活废水，及省环境监测中心站、省环保科研所办公楼生活废水为处理原水，原水浓度按城市生活污水平均浓度值的两倍设计。

（2）处理水量按 8 m^3/h 设计。（其中气浮分离按 4 m^3/h 设计，废水三级深度处理按 4.0 m^3/h 设计）

（3）原水水质。

湖南省环境监测站对排污口现场监测的结果见表 7-1。

表 7-1　排污口水质测定

参数	COD_{Cr}/(mg/L)	BOD_5/(mg/L)	SS/(mg/L)	溶解氧/(mg/L)	石油类/(mg/L)	细菌总数/个
最大值	672.0	203.0	819.5	2.6	8.0	3.9×10^5
最小值	152.8	96.5	350.5	0.1	7.0	1.9×10^5
平均值	345.6	143.3	655.0	1.7	7.4	2.639×10^5

（4）设计实验平台处理效率要求。

按照长沙环境保护职业技术学院生活、实验废水的排放情况和当地环境保护部门对废水处理的要求，同时，根据环境保护学院自身环境职业教育的需要，对水处理设施提出了自己的要求。该实验平台的主要教学科研用途见表 7-2，流程图见图 7-1。

表 7-2　水处理实验平台的主要用途

序号	构筑物或设备名称	教学科研用途	备注
1	格栅	格栅设计	预处理
2	隔油沉砂池	沉砂池设计、隔油池设计	含油废水处理
3	调节池	调节池设计	平衡调节
4	絮凝反应器	混凝、中和反应实验及设计	重金属废水处理
5	气浮反应器	气浮分离实验及设计	重金属废水处理
6	生物氧化池	（1）曝气池设计 （2）曝气设备选型 （3）生物接触氧化实验 （4）DO、pH 在线监测 （5）污泥指标测定 （6）污泥沉降比测定 （7）微生物培养与分离 （8）微生物形态观察	实验废水和生活废水处理
7	斜板沉淀池	（1）斜板沉淀池设计 （2）水力排泥器设计	物理处理
8	活性炭吸附柱	吸附去除实验	深度处理
9	臭氧消毒	生物灭菌实验	深度处理

序号	构筑物或设备名称	教学科研用途	备注
10	风机房	风机房设计	毕业实习
11	水泵	水泵设计、选型	自动控制
12	总排口	流量在线监测	自动控制
13	管线	管道水力计算	给排水毕业实习

（5）处理设备的技术指标。

生化装置：COD_{Cr}、BOD_5去除率≥85%

气浮装置：悬浮物（SS）去除率≥95%

中和絮凝反应装置：重金属去除率≥99%

沉淀池：悬浮物出水浓度≤40 mg/L

臭氧装置：灭菌效率≥99%

四、设计条件

1．气象条件

年均气温：17.3℃

年最高气温：40.7℃

年最低气温：8.4℃

年平均降雨量：1 552.2 mm

年平均相对湿度：81%

年平均气压：1 004.2 Pa

年平均风速：1.5 m/s

常年主导风向：东北风

夏季主导风向：西风

2．工程地质条件

水处理实验平台位置应符合长沙环境保护职业技术学院总体规划。工程地质勘察报告由甲方提供。

长沙地区地震基本烈度为Ⅵ度。

五、工艺流程

1．工艺流程方框图

本设计采用多级平行并联方式布置工艺流程，各处理设施预留串联接口和直排口。设计工艺流程见图 7-1。

2．工艺流程简要说明

（1）一级处理。

原水经格栅除渣后，进入隔油沉砂池，进一步除去大颗粒杂质及油污，然后经泵提升，进入调节沉淀池，污水经水质、水量调节后，进入二级处理设施。

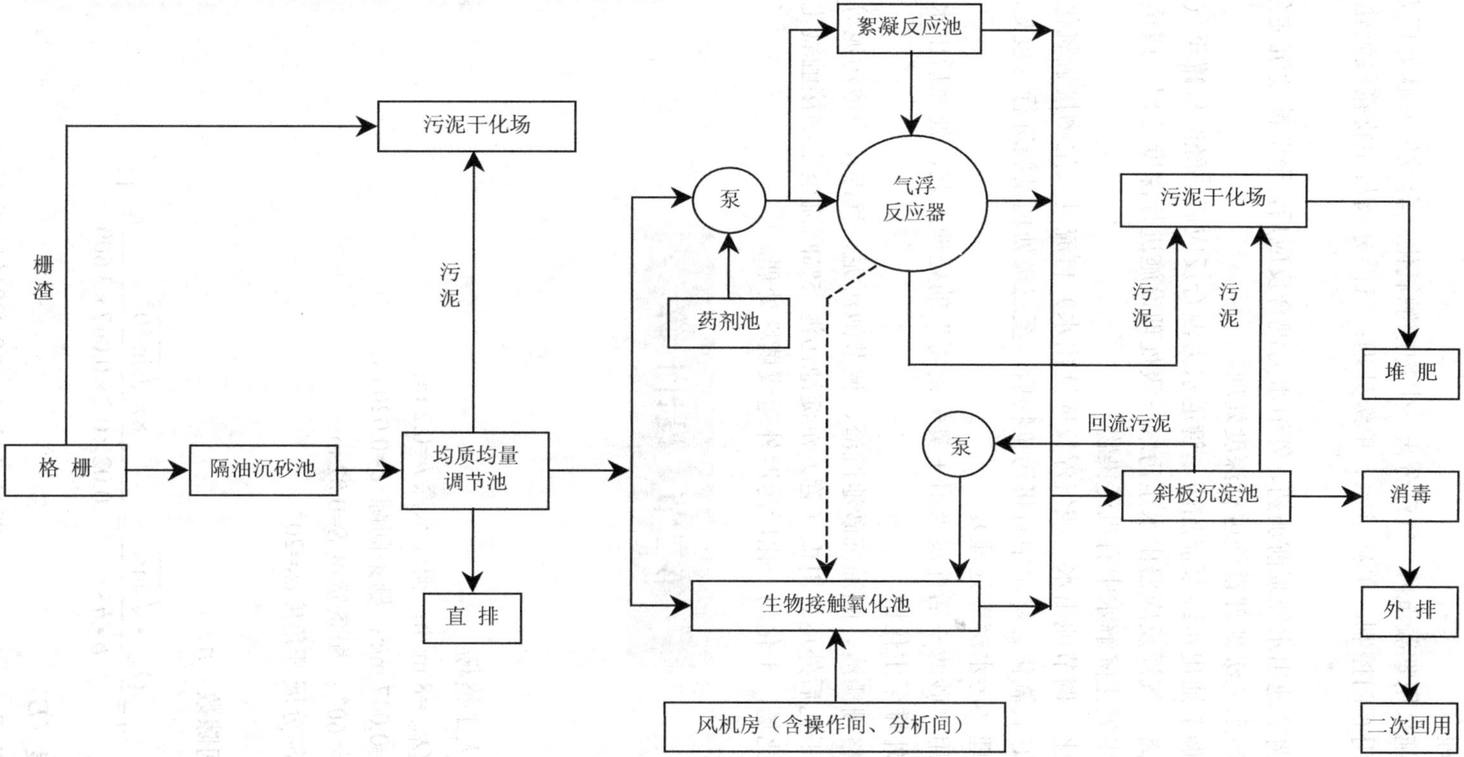

图 7-1　长沙环境保护职业技术学院水处理实验平台工艺流程

（2）二级处理。

二级处理设施采用絮凝沉降、气浮分离、生物接触氧化三套设施并联处理方式。三套处理设施采用阀门控制，单独进水、单级处理；气浮分离与生物接触氧化可通过管线串联。

絮凝沉降：调节池出水经泵前加药、管道水力混合反应后，至沉淀池沉淀分离，沉淀分离出水至污水三级处理设施进行深度处理。

气浮分离：调节池出水经泵前加药、管道水力混合反应后，经溶气罐至气浮反应器进行渣水分离，气浮反应器出水至污水三级处理设施进行深度处理，或至生物接触氧化池进一步氧化降解水中有机污染物。

生物接触氧化：调节池出水（或气浮反应池出水）自流进入生物接触氧化池，污水经活性污泥好氧氧化去除水中有机污染物后，至三级处理设施进行深度处理。

（3）三级处理（污水深度处理）。

三级处理采用“砂滤＋活性炭吸附＋臭氧消毒”的处理工艺，处理后出水达到设计处理要求，外排至生化塘。

污泥处理：格栅栅渣、隔油沉砂池沉渣、调节池污泥、气浮反应池污泥等，直接排至干化场，干化后外运。斜板（管）沉淀池污泥 5%回流至生物接触氧化池，其余排至污泥干化场，干化场干化后污泥外运或填埋处理。

第二节　设计计算

一、格栅

设计形式：人工格栅

设计参数：Q_{max}=8 m^3/h；栅前水深 h=0.2 m；

过栅流速 v =0.047 m/s；栅条间隙 b=0.020 m；

格栅倾角α_1＝60°；栅条宽度 S=0.02 m；

进水渠渐宽部分展开角度α_2=20°。

设计计算：

1．栅条的间隙数（n）

$$n=\frac{Q_{max}\cdot\sqrt{\sin\alpha_1}}{b\cdot h\cdot v}=\frac{8\times\sqrt{\sin 60^\circ}}{0.02\times0.2\times0.047\times3\,600}\approx 11$$

2．栅槽宽度（B）

$$B=S（n-1）+bn=0.02\times（11-1）+0.020\times11=0.42\text{ m}$$

3. 进水渠渐宽部分长度（L_1）

设进水渠宽 B_1=0.24 m，

$$L_1=\frac{B-B_1}{2\text{tg}\alpha_2}=\frac{0.42-0.24}{2\text{tg}20^\circ}=0.247\text{ m}$$

设计取 L_1=0.25m。

4. 栅槽与出水渠道连接处渐窄部分长度（L_2）

$$L_2=\frac{L_1}{2}=\frac{0.25}{2}=0.125\text{ m}$$

设计取 L_2=0.13 m。

5. 通过格栅的水头损失（h_1）

栅条采用 ϕ20 圆钢制作，阻力系数β=1.79

$$h_1=\beta\cdot(\frac{S}{b})^{4/3}\cdot\frac{v_2}{2g}\cdot\sin\alpha_1\cdot k$$

$$=1.79\times(\frac{0.02}{0.02})^{4/3}\times\frac{0.047^2}{2\times9.8}\times\sin60^\circ\times3$$

$$=5.24\times10^{-4}\text{m}$$

6. 栅后槽总高度（H）

沿栅前渠道超高 h_2=0.3 m

$$H=h+h_1+h_2=0.2+5.24\times10^{-4}+0.3\approx0.5\text{ m}$$

设计取 H=0.6 m。

7. 栅槽总长度（L）

$$L=L_1+L_2+0.5+1.0+\frac{H}{\text{tg}\alpha_1}$$

$$=0.25+0.13+0.5+1.0+\frac{0.2+0.3}{\text{tg}60^\circ}$$

$$=2.17\text{ m}$$

8. 每日栅渣量（W）

沿栅渣量为 1 000 m^3 污水产渣 0.07 m^3，则

$$W=\frac{86\,400\times8\times0.07}{3\,600\times1\,000\times1.5}=8.96\times10^{-3}\text{ m}^3/\text{d}$$

结构图见图 7-2。

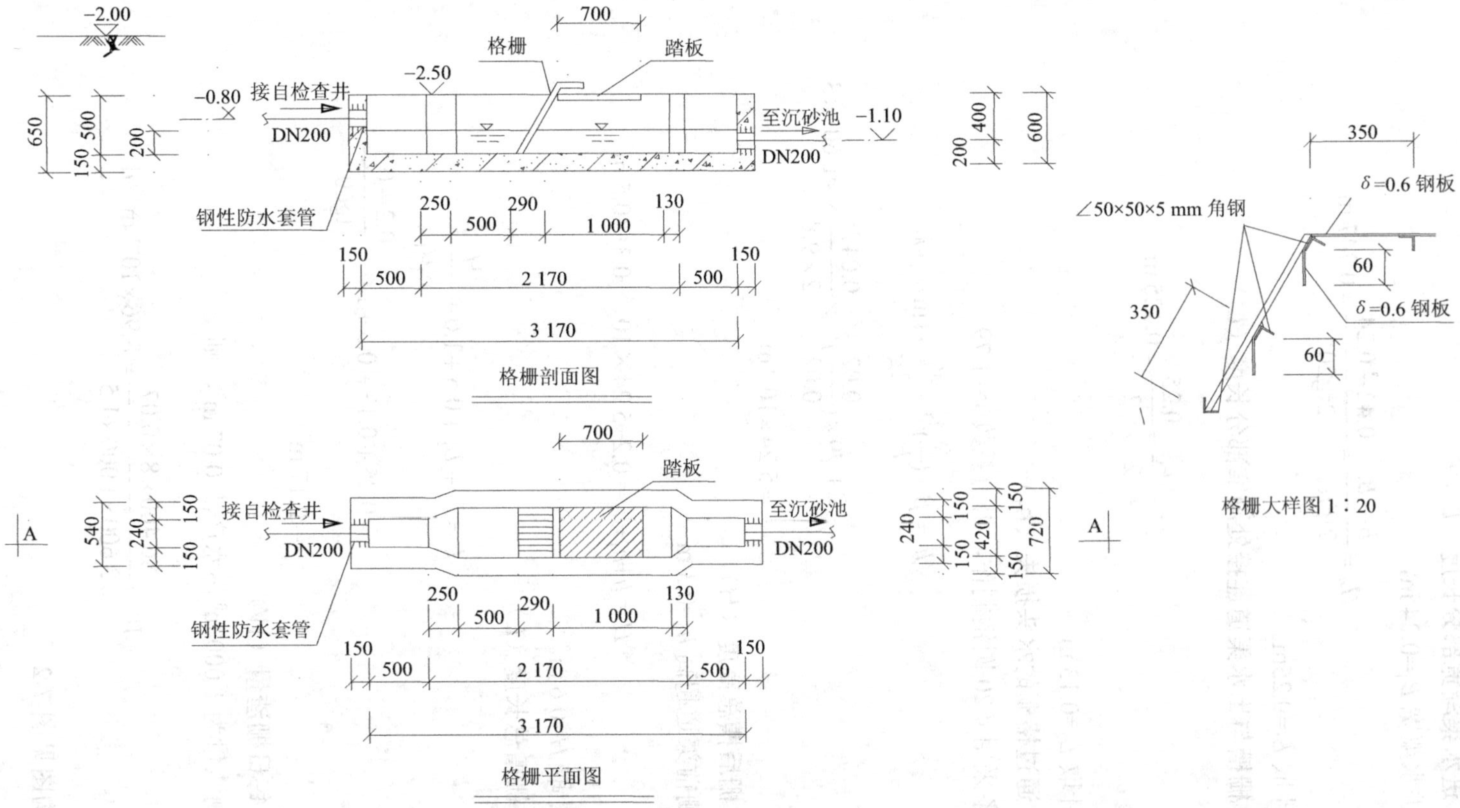
-2.00
700
格栅
踏板
-2.50
-0.80
接自检查井
DN200
至沉砂池
-1.10
DN200
650
500
150
200
400
600
200
钢性防水套管
250
500
290
1 000
130
150
500
2 170
500
150
3 170
格栅剖面图
350
δ=0.6 钢板
∠50×50×5 mm 角钢
60
δ=0.6 钢板
350
60
700
踏板
接自检查井
DN200
至沉砂池
DN200
A
540
240
150
150
240
150
150
420
150
150
720
A
钢性防水套管
250
500
290
1 000
130
150
500
2 170
500
150
3 170
格栅平面图
格栅大样图 1∶20

图 7-2　格栅结构图

二、沉砂隔油池

设计形式：斜管隔油池

设计参数：$Q = 8\ \mathrm{m^3/h}$；停留时间 $t = 30\ \mathrm{min}$；

斜板：δ=15 mm；孔径 40 mm；

板间流速：u=0.8 mm/s；

表面负荷：0.3 $\mathrm{m^3/(m^2 \cdot h)}$。

设计计算：

1．池水面面积（F）

设计采用 2 个隔油池

$$F = \frac{Q}{2 \times v \times 0.91} = \frac{8}{2 \times 0.8 \times 0.91} = 5.49\ \mathrm{m^2}$$

2．池边长（L）

取池宽 B=1.1 m，则池长

$$L = \frac{F}{B} = \frac{5.49}{1.1} \approx 5.0\ \mathrm{m}$$

校核长宽比：

$$\frac{L}{B} = \frac{5.0}{1.1} = 4.55$$

满足要求。

3．复核停留时间（t）

取斜管区上部水深 h_3=0.2 m，斜管区高度 h_4=0.5 m，则

$$t = \frac{(h_3 + h_4) \times 60}{v} = \frac{(0.2 + 0.5) \times 60}{0.8} = 52.5\ \mathrm{min}$$

符合设计要求。

4．污泥斗容积（V_1）

取泥斗顶宽 b_1=1.2 m，泥斗底宽 b_2=0.6 m，斗高 h_6=1.2 m，则

$$V_1 = \frac{(b_1 + b_2)}{2} \times h_6 \times B$$

$$= \frac{(1.2 + 0.6)}{2} \times 1.2 \times 1.1$$

$$= 1.19\ \mathrm{m^3}$$

5．池总高度（H）

设计取：

池超高 h_1=0.4 m，池水面油层厚 h_2=0.1 m。

池斜管区上部水深 h_3=0.2 m，池斜管区高度 h_4=0.5 m。

池斜管区底部缓冲层高度 h_5=0.6 m，池底坡高度 h_6=0.2 m。

池泥斗高 h_7=1.2 m，池总高 H=3.2 m。

6．集油管

采用 *DN*125 镀锌钢管制作，内外防腐，管端头设管轴，管轴与水面平。集油管设 4 个：分别设于进水槽、池中端、池末端、出水槽，手动控制。

7．斜管（板）

为减少斜管（板）挂油，斜管（板）采用清水定期冲洗。

8．斜管体积（V_2）

$$V_2=n\times B\times L\times h_4=2\times 1.1\times 5.0\times 0.5=5.5\ \text{m}^3$$

结构图见图 7-3。

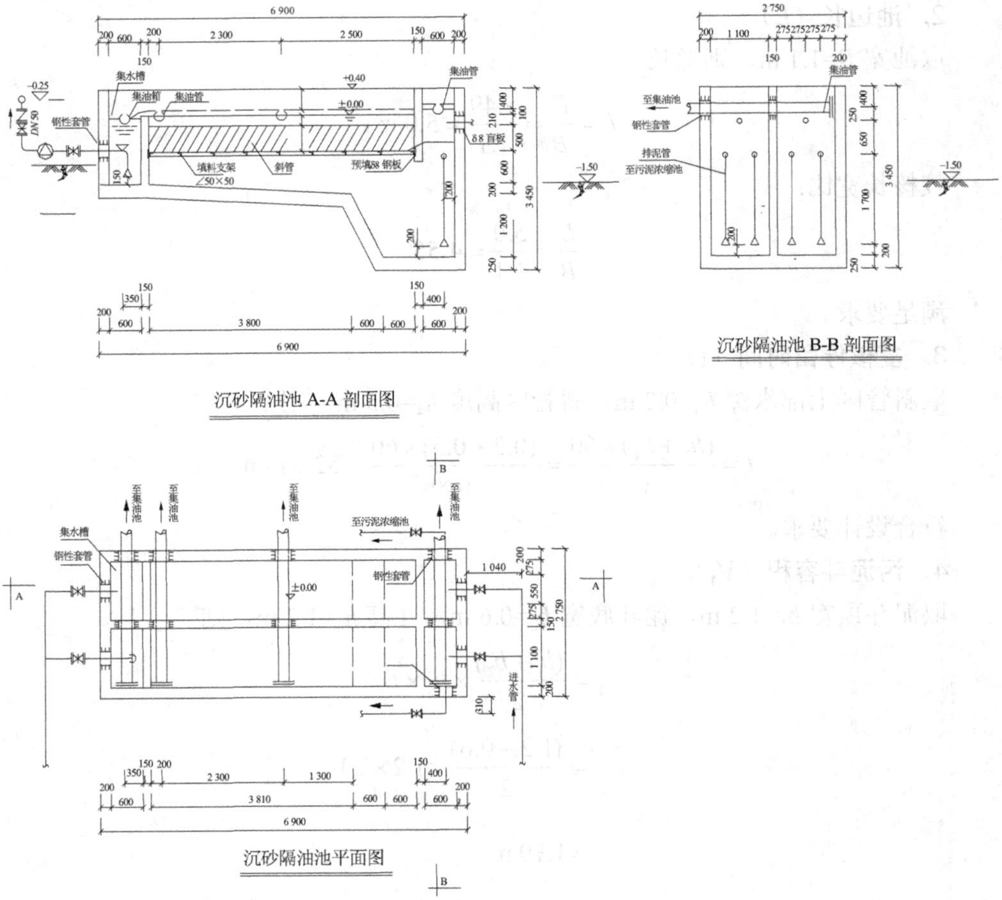

图 7-3　沉砂隔油池结构图

三、调节池

设计形式：矩形调节沉淀池。

设计参数：设计流量 Q=8 m^3/h；调节时间 t=8 h；

有效水深 h_2=3.2 m。

设计计算：

1. 调节池有效容积（V_1）

$$V_1=Q\cdot t=8\times 8=64\ m^3$$

2. 调节池池宽（B）

$$A=\frac{V_1}{h_2}=\frac{64}{3.2}=20\ m^2$$

设计采用一个调节池，取池长 L=6.4 m，则池宽

$$B=\frac{A}{L}=\frac{20.0}{6.4}=3.13\ m$$

设计取 B=3.2 m。

3. 污泥斗容积（V_2）

取污泥斗顶宽 B_1=1.8 m，污泥斗高 h_4=1.0 m，污泥斗倾角 59°，则污泥斗底宽：

$$B_2=B_1-h_4\times tg31°=1.8-1.0\times tg31°=1.2\ m$$

$$V_2=\frac{B_1+B_2}{2}\times h_4\times B=\frac{(1.8+1.2)}{2}\times 1.0\times 3.2=4.8\ m^3$$

4. 调节池高度（H）

设计取：

池保护高度 h_1=0.3 m；

池有效调节水深 h_2=3.2 m；

池底斜坡高度 h_3=0.3 m；

池污泥斗高度 h_4=1.0 m；

池总高度 H=4.8 m。

5. 复核调节池停留时间

实际有效容积：$V_0=6.4\times 3.2\times 3.2=65.54\ m^3$

实际停留时间：

$$t_0=\frac{V_0}{Q}=\frac{65.54}{8}=8.2\ h$$

符合设计要求。

6. 出水槽装设三角流量堰

结构图见图 7-4。

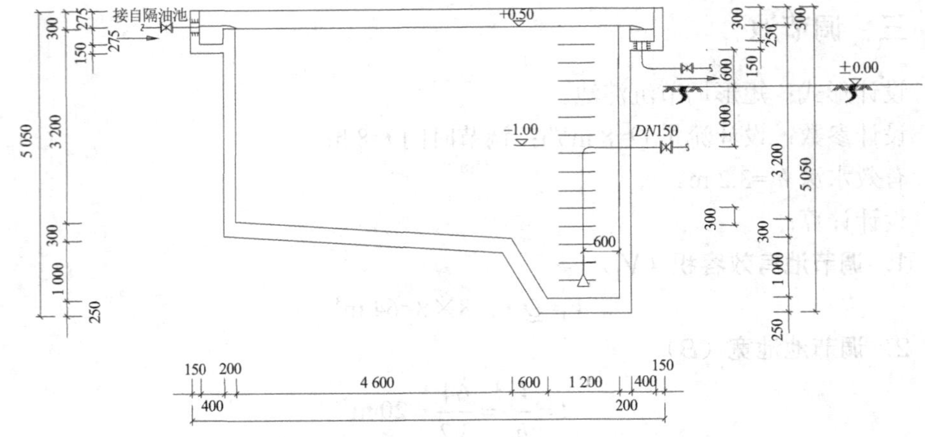

调节沉淀池 A-A 剖面图

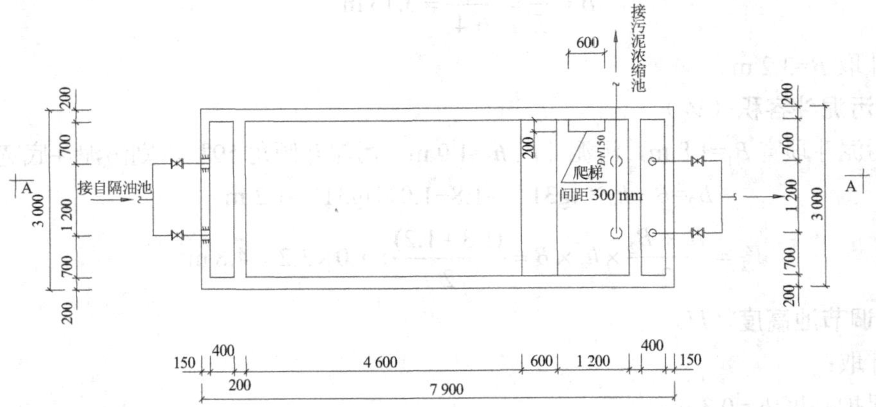

调节沉淀池平面图

图 7-4　调节池结构图

四、生物接触氧化池

设计形式：直流式鼓风曝气接触氧化池

设计参数：$Q = 8\ m^3/h$；

进水 BOD_5 值 $L_a = 240$ mg/L；

出水 BOD_5 值 $L_t \leqslant 30$ mg/L；

容积负荷 $M = 1\ 200\ gBOD_5/(m^3 \cdot d)$；

接触时间 $t = 2$ h；

气水比 $D_0 = 11$。

设计计算：

1．滤池容积（V）

$$V=\frac{Q\cdot(L_a-L_t)}{M}=\frac{8\times(240-30)\times24}{1\,200}=33.6\ \text{m}^3$$

2．滤池总面积（F）

设滤池有效水深 h_1=3.0 m，则：

$$F=\frac{V}{h_1}=\frac{33.6}{3.0}=11.2\ \text{m}^2$$

3．滤池尺寸

设计采用 2 个滤池，则单池面积

$$f=\frac{F}{n}=\frac{11.2}{2}=5.6\ \text{m}^2$$

每格滤池尺寸：

$$L\times B=2\,600\ \text{mm}\times2\,200\ \text{mm}$$

4．校核接触时间（t）

$$t=\frac{n\cdot f\cdot h_1}{Q}=\frac{2\times2.6\times2.2\times3.0}{8}=4.29\ \text{h}$$

符合设计要求。

5．滤池总高度（H_0）

设计取：

池保护高度 h_1=0.5 m

池填料上水深 h_2=0.4 m

池填料层间隙高 h_3=0.3 m

池配水区高度 h_4=0.5 m

池填料层高度 h_5=1.0 m，m=3 层

池总高 $H_0=h_1+h_2+(m-1)h_3+h_4+mh_5=5.0$ m

6．实际停留时间（t'）

$$t'=\frac{n\cdot f\cdot(H_0-h_1)}{Q}=\frac{2\times(2.6\times2.2)\times(5.0-0.5)}{8}=6.44\ \text{h}$$

7．填料总体积（V'）

$$V'=n\cdot f\cdot m\cdot h_5=2\times(2.6\times2.2)\times3=34.32\ \text{m}^3$$

填料采用纤维软性填料。

8．所需空气量（D）

$$D=D_0\cdot Q=88\ \text{m}^3/\text{h}$$

每格所需空气量

$$D_1 = \frac{D}{n} = 44\ \text{m}^3/\text{h} = 12.2\ \text{L/s}$$

结构图见图 7-5。

五、气浮反应器

设计形式：射流气浮

设计参数：$Q = 4\ \text{m}^3/\text{h}$；进水管流速 $u_1 = 1.0\ \text{m/s}$；

反应段上升流速 $v_1 = 70\ \text{m/h}$，（60～80 m/h）；

分离段上升流速 $v_2 = 7\ \text{m/h}$，（6～8 m/h）；

停留时间 $t = 12\ \text{min}$，（8～15 min）；

进水压力 $p = 2\ \text{kg/cm}^2$，（$1 \sim 3\ \text{kg/cm}^2$）；

空气量为水量的 5%～8%。

设计计算：

1．进水管直径（*d*）

$$d = \sqrt{\frac{4Q}{u_1 \cdot \pi}} = \sqrt{\frac{4 \times 4}{1.0 \times 3.14 \times 3\,600}} = 0.038\ \text{m}$$

设计取 *DN*40 镀锌管

$$u_1' = \frac{4Q}{\pi \bullet d^2} = \frac{4 \times 4}{3.14 \times 0.04^2 \times 3\,600} = 0.84\ \text{m/s}$$

2．出水管管径（d_1）

d_1 取为 *DN*50 镀锌管，则出水管流速 u_2=0.50 m/s。

3．反应段直径（D_1）

$$D_1 = \sqrt{\frac{4Q}{\pi \bullet v_1}} = \sqrt{\frac{4 \times 4}{3.14 \times 70}} = 0.27\ \text{m}$$

设计取 D_1=300 mm。

$$v_1' = \frac{4Q}{\pi D_1^2} = \frac{4 \times 4}{3.14 \times 0.3^2} = 56.6\ \text{m/h}$$

符合设计要求。

4．反应段高度（h_1）

取反应段停留时间 t_1=3.5 min，

$$h_1 = \frac{4Qt_1}{\pi D_1^2} = \frac{4 \times 4 \times 3.5}{60 \times 3.14 \times 0.3^2} = 3.3\ \text{m}$$

5．分离段直径（D_2）

$$D_2 = \sqrt{\frac{4Q}{\pi v_2}} = \sqrt{\frac{4 \times 4}{3.14 \times 7}} = 0.853\ \text{m}$$

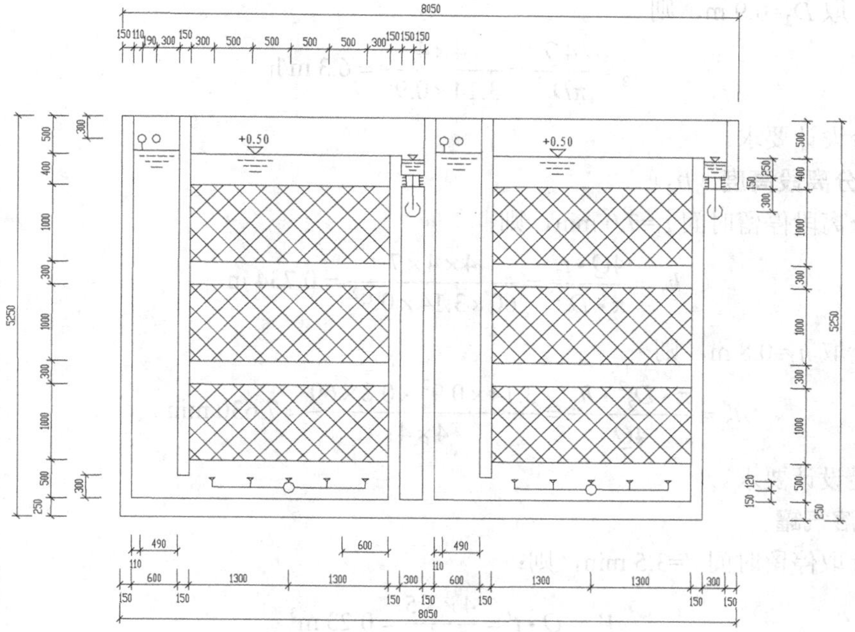

接触氧化池 A-A 剖面图

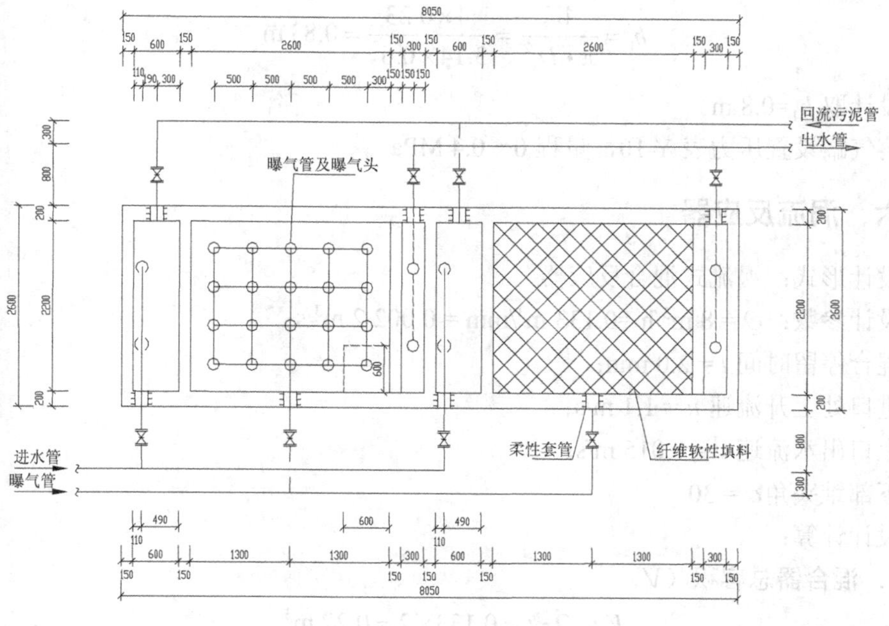

接触氧化池平面图

图 7-5　生物接触氧化池结构图

设计取 D_2=0.9 m，则

$$v_2' = \frac{4Q}{\pi D_2^2} = \frac{4\times4}{3.14\times0.9^2} = 6.3\ \text{m/h}$$

符合设计要求。

6．分离段高度（h_2）

取分离段停留时间 t_2=7.0 min，则

$$h_2 = \frac{4Q\cdot t_2}{\pi\cdot D_2^2} = \frac{4\times4\times7}{60\times3.14\times0.9^2} = 0.734\ \text{m}$$

设计取 h_2=0.8 m，则

$$t_2' = \frac{\pi\cdot D_2^2\cdot h_2}{4Q} = \frac{3.14\times0.9^2\times0.8\times60}{4\times4} = 7.630\ \text{min}$$

满足设计要求。

7．溶气罐

设计取停留时间 t'=3.5 min，则：

$$V_3 = Q\cdot t' = \frac{4\times3.5}{60} = 0.23\ \text{m}^3$$

溶气罐采用δ10 钢板焊制，D_3 = 600 mm，

则溶气罐高 h_1'

$$h_1' = \frac{4V_3}{\pi\cdot D_3^2} = \frac{4\times0.23}{3.14\times0.6^2} = 0.83\ \text{m}$$

设计取 h_1=0.8 m。

溶气罐设置压力表 Y-10，量程 0～0.4 MPa。

六、涡流反应器

设计形式：涡流式混合反应器

设计参数：Q = 8 m³/h =0.133 m³/min = 0.002 2 m³/s；

混合停留时间 t = 2.0 min；

进口处上升流速 u = 1.1 m/s；

上口出水流速 v = 0.015 m/s；

下部锥夹角α = 30°。

设计计算：

1．混合器总容积（V）

$$V = Q\cdot t = 0.133\times2 = 0.27\ \text{m}^3$$

2．进口处 d_1

$$Q = F \cdot u = \frac{\pi}{4} d_1^2 u$$

$$d_1 = \sqrt{\frac{4Q}{\pi \cdot u}} = \sqrt{\frac{4 \times 0.002\,2}{\pi \times 1.1}} = 0.05\ \text{m}$$

设计进水采用 *DN*50 镀锌管。

验算上升流速 u：

$$u = \frac{4Q}{\pi \cdot d_1^2} = \frac{4 \times 0.002\,2}{\pi \times 0.05^2} = 1.12\ \text{m/s}$$

符合设计要求。

3．简体直径 d_2

$$d_2 = \sqrt{\frac{4Q}{\pi \cdot v}} = \sqrt{\frac{4 \times 0.002\,2}{\pi \times 0.015}} = 0.432\ \text{m}$$

设计取 d_2=0.45 m，验算出口流速 v：

$$v = \frac{4Q}{\pi \cdot d_2^2} = \frac{4 \times 0.002\,2}{\pi \times 0.45^2} = 0.014\ \text{m/s}$$

基本符合设计要求。

4．设计取下锥体连接短管 h_4=0.1 m

5．锥体高（h_1）

$$h_1 = \frac{d_2 - d_1}{2\text{tg}30^\circ} = \frac{0.45 - 0.05}{2 \times \text{tg}30^\circ} = 0.35\ \text{m}$$

6．h_2

$$h_2 = \frac{4V - \dfrac{\pi h_1}{3}(d_1^2 + d_2^2 + d_1 \cdot d_2)}{\pi d_2^2} = 1.57\ \text{m}$$

设计取 h_2=1.6 m。

7．验算总容积 V

$$V = \frac{1}{4}\pi d_2^2 h_2 + \frac{\pi h_1}{3}(d_1^2 + d_2^2 + d_1 \cdot d_2) = 0.4\ \text{m}^3$$

符合设计要求。

8．确定其他尺寸

d_3=50 mm　　*DN*50；

d_4=50 mm　　*DN*50，与水泵出口管径配套；

d_5=700 mm

h_3=80 mm

h_4=100 mm

h_5=300 mm

9．制作说明

① A_3 钢焊接，要求焊缝光滑平整；

② 防腐：外层涂红丹 2 度，黑色面漆 1 度；内壁玻璃钢防腐：环氧树脂胶两布三胶。

七、斜板沉淀池

设计形式：矩形升流式斜管（板）沉淀池。

设计参数：$Q = 8\ m^3/h$；表面负荷 $q' = 1.5\ m^3/(m^2 \cdot h)$；

沉淀时间 $t = 50$ min；进水 SS 值 $c_1 = 240$ mg/L；

出水 SS 值 $c_2 = 12$ mg/L；污泥平均含水率 $P_0 = 98\%$。

设计计算：

1．池水面面积（F）

设计采用 1 个池，

$$F = \frac{Q}{n \cdot q' \cdot 0.91} = \frac{8}{1 \times 1.50 \times 0.91} = 5.86\ m^2$$

2．池边长（$B \times L$）

取池宽 $B = 1.8$ m，则

$$L = \frac{F}{B} = 3.26\ m$$

设计取 $L = 3.3$ m。

3．复核停留时间（t）

取斜管区上部水深 h_2=0.5 m，斜管区高度 h_3=0.8 m，则

$$t = \frac{(h_2 + h_3) \times 60}{q'} = \frac{(0.5 + 0.8) \times 60}{1.5} = 52\ min$$

符合设计要求。

4．污泥部分所需容积（V_1）

设 T=2d，则

$$V_1 = \frac{Q \times (c_1 - c_2) \times 24 \times 100 \times T}{K_Z \cdot r \cdot (100 - P_0)}$$

$$= \frac{8 \times (240 - 120) \times 24 \times 100 \times 2}{1.5 \times 1 \times (100 - 98) \times 10^6}$$

$$= 1.54\ m^3$$

5．污泥斗容积

取泥斗顶宽 b_1=1.2 m，泥斗高 h_6=1.2 m，泥斗倾角约 60°，泥斗底宽 b_2=0.5 m，则泥斗容积 V_1'为：

$$V_1' = \frac{(b_1 + b_2)}{2} \times h_6 \times B$$

$$= \frac{(1.2 + 0.5)}{2} \times 1.2 \times 1.8$$

$$= 1.836\ \text{m}^3 > 1.54\ \text{m}^3$$

符合设计要求。

6．沉淀池总高度（H）

设计取：

池超高 $h_1 = 0.3$ m

池斜管区上部水深 $h_2 = 0.5$ m

池斜管高 $h_3 = 0.8$ m

池斜管区底部管缓冲层高度 $h_4 = 0.6$ m

池底坡高度 $h_5 = 0.2$ m

池泥斗高 $h_6 = 1.2$ m

池总高 $H = h_1+h_2+h_3+h_4+h_5+h_6 = 3.6$ m

7．校核集水堰过水负荷（q_0）

$$q_0 = \frac{Q}{n \cdot B} = \frac{8}{1 \times 1.8} \times \frac{1\,000}{3\,600} = 1.23\ \text{L/s} < 2.91\ \text{L/s}$$

可见，满足设计要求。

8．PVC 填料体积（V_2）

$$V_2 = B \cdot L \cdot h_3 = 4.752\ \text{m}^3$$

填料孔径 D=150 mm。

结构图见图 7-6。

八、水处理平台平面布置及高程布置

水处理平台管道平面布置见图 7-7，高程布置见图 7-8。

第三节　工程预算

本项目总占地面积约 520 m^2，总造价 571 544.77 元，其中土建总造价 317 213.75 元，设备总造价 254 331.02 元。详细预算见表 7-3～表 7-8。

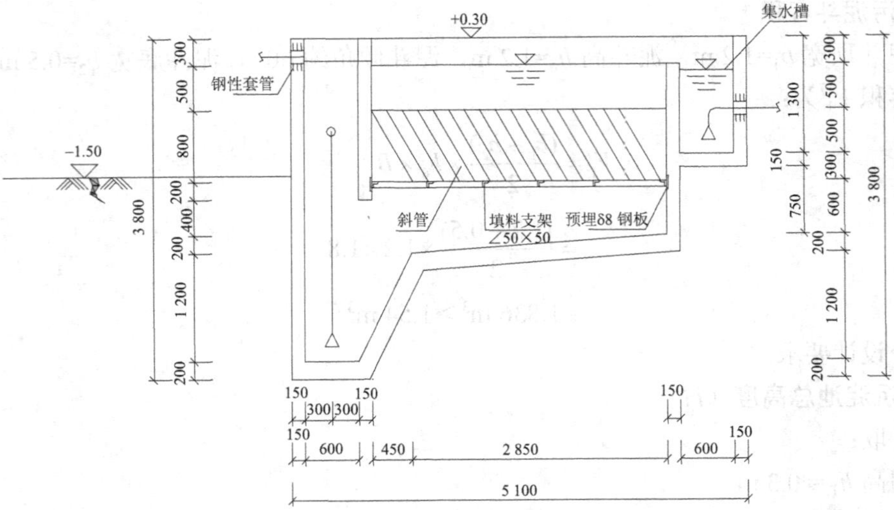

二沉池 A-A 剖面图

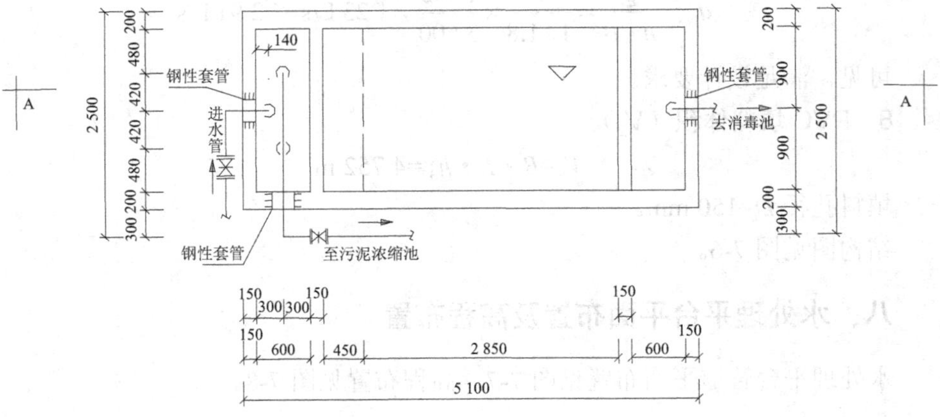

二沉池平面图

图 7-6 沉淀池结构图

表 7-3　土建预算表（1）

定额编号	工程项目及概要说明	单位	工程数量	损耗	单价（元）				总价（元）			
					主材费	基价	人工费	机械费	主材费	基价	人工费	机械费
1013	人工平整场地	100 m^2	5.76			128.25	128.25			738.72	738.72	0.00
1011	人工夯填	100 m^3	0.89			772.70	579.18	193.52		687.70	515.47	172.23
1003	挖沟槽、基坑	100 m^3	1.07			762.39	762.39			815.76	815.76	0.00
1005	运土	100 m^3	0.87			377.06	377.06			328.04	328.04	0.00
1006	运距每增加 20 m	100 m^3	0.87			89.83	89.83			78.15	78.15	0.00
1049	填土碾压	1 000 m^3	0.087			2 445.82	118.20	2 314.27		212.79	10.28	201.34
2012	现场灌注混凝土桩（按桩长 8 m 计算）	10 m^3	6.45			7 291.29	1 279.03	3 931.48		47 028.82	8 249.74	25 358.05
	打实验桩	10 m^3	0.14			10 417.60	2 046.44	6 290.36		1 458.46	286.50	880.65
3006	综合脚手架	100 m^2	5.12			799.56	385.33	90.92		4 093.75	1 972.89	465.51
4004	砖墙	10 m^3	3.86			1 956.97	316.78	156.02		7 553.90	1 222.77	602.24
5001	混凝土基础	10 m^3	1.24			2 255.08	311.65	119.21		2 796.30	386.45	147.82
5012	设备基础	10 m^3	0.13			2 532.87	437.73	145.48		329.27	56.90	18.91
5022	现浇注	10 m^3	0.48			5 339.10	1 550.00	548.27		2 562.77	744.00	263.17
5034	混凝土池壁	10 m^3	6.47			4 010.85	1 112.66	474.74		25 950.20	7 198.91	3 071.57
5049	单梁	10 m^3	0.09			4 274.80	1 275.38	478.10		384.73	114.78	43.03
5050	圈梁	10 m^3	0.7			5 175.87	1 516.11	414.16		3 623.11	1 061.28	289.91
5064	平板（30 cm 以外）	10 m^3	7.23			2 828.26	520.47	299.17		20 448.32	3 763.00	2 163.00
5062	平板（20 cm 以内）	10 m^3	2.74			3 345.29	735.40	382.03		9 166.09	2 015.00	1 046.76
本页小计：										128 256.89	29 558.65	34 724.19

表 7-4 土建预算表（2）

定额	工程项目及概要	单位	工程	损耗	单价（元）				总价（元）			
编号	说明		数量		主材费	基价	人工费	机械费	主材费	基价	人工费	机械费
5154	钢筋	t	17.65			3 226.28	231.87	136.14		56 943.84	4 092.51	2 402.87
6023	钢梯	t	0.04			5 805.60	1 015.73	1 060.33		232.22	40.63	42.41
8062	铝合金门	100 m^2	0.08			22 178.08	3 406.33	672.50		1 774.25	272.51	53.80
8074	双扇窗	100 m^2	0.08			21 506.37	2 894.72	654.64		1 720.51	231.58	52.37
9001	垫层	10 m^3	0.80			1 031.96	254.13	15.28		825.57	203.30	12.22
9016	混凝土地面	10 m^3	0.80			1 683.01	241.33	90.09		1 346.41	193.06	72.07
9019	找平	100 m^2	0.80			765.31	153.66	75.48		612.25	122.93	60.38
12001	抹灰	100 m^2	3.96			596.33	267.92	69.56		2 361.47	1 060.96	275.46
12011	外墙抹灰	100 m^2	3.96			698.10	267.53	74.64		2 764.48	1 059.42	295.57
12503	仿瓷涂料	100 m^2	3.90			368.00	220.64			1 435.20	860.50	0.00
本页小计：										70 016.19	8 137.39	3 267.17
合　计：										198 273.08	37 696.04	37 991.36

表 7-5 设备安装工程预算总表

序号	工程费用名称	计费用公式	单位	总价（元）
A	直接工程费	（一）+（二）+（三）	元	224 402.76
（一）	子目基价	（1）+（2）	元	40 242.38
（1）	基价合计		元	27 113.09
（2）	其中：基价工资合计		元	13 129.29
（二）	主材费		元	180 878.06
（三）	其他直接费	（2）×25%	元	3 282.32
B	综合费	（2）×102%	元	13 391.88
C	利润	（2）×62%	元	8 140.16
D	税前工程造价	A+B+C	元	245 934.81
E	税金	D×3.414%	元	8 396.21
F	劳保基金	（D+E）×3.50%	元	
G	单位工程造价	D+E+F	元	254 331.02

表 7-6　安装预算表（1）

定额编号	工程项目及概要说明	单位	工程数量	损耗	单价（元）				总价（元）			
					主材费	基价	其中工资	子目调整系数	主材费	基价	人工	子目调整系数
8-1	镀锌钢管 *DN*15	10 m	1.8	2.22%	49.17	13.92	11.62		90.47	25.61	21.38	
8-3	镀锌钢管 *DN*25	10 m	4	2.22%	94.37	17.10	11.62		385.86	69.92	47.51	
8-4	镀锌钢管 *DN*32	10 m	0.8	2.22%	121.36	19.27	11.62		99.24	15.76	9.50	
8-5	镀锌钢管 *DN*40	10 m	0.8	2.22%	148.92	22.03	12.41		121.78	18.02	10.15	
6-23	镀锌钢管 *DN*50	10 m	5.2	2.22%	189.21	23.68	13.59		1 005.73	125.87	72.24	
6-24	镀锌钢管 *DN*65	10 m	6.4	2.22%	211.53	28.87	17.34		1 383.85	188.87	113.44	
6-26	镀锌钢管 *DN*100	10 m	16	2.22%	323.28	68.79	20.88		5 287.31	1 125.07	341.50	
6-28	镀锌钢管 *DN*150	10 m	0.5	2.22%	778.27	84.74	26.20		397.77	43.31	13.39	
6-387	铸铁管 *DN*150	10 m	0.4	2.22%	884.34	99.42	44.92		361.59	40.65	18.37	
8-59	混凝土管 *DN*200	10 m	3.3		107.43	96.20	42.75		354.52	317.46	141.08	
6-1374	法兰 *DN*50	付	9		8.90	26.51	7.49		80.10	238.59	67.41	
6-1375	法兰 *DN*65	付	9		12.00	26.93	7.68		108.00	242.37	69.12	
6-1377	法兰 *DN*100	付	27		15.00	33.71	9.46		405.00	910.17	255.42	
6-1379	法兰 *DN*150	付	3		31.00	44.00	10.84		93.00	132.00	32.52	
6-712	异径管 *DN*50/40	只	1		188.11	188.11	51.22		188.11	188.11	51.22	
6-711	异径管 *DN*40/32	只	1		157.05	157.05	45.11		157.05	157.05	45.11	
6-710	异径管 *DN*32/15	只	1		151.21	151.21	43.73		151.21	151.21	43.73	
6-710	异径管 *DN*20/32	只	1		151.21	151.21	43.73		151.21	151.21	43.73	
本页小计：									10 821.81	4 141.25	1 396.81	

表 7-7 安装预算表（2）

定额编号	工程项目及概要说明	单位	工程数量	损耗	单价（元）				总价（元）			
					主材费	基价	工资	子目调整系数	主材	基价	人工	子目调整系数
6-1236	闸阀 *DN*50	个	10		198.00	6.87	4.73		1 980.00	68.70	47.30	
6-1237	闸阀 *DN*65	个	4		264.00	9.70	7.09		1 056.00	38.80	28.36	
6-1239	闸阀 *DN*100	个	28		429.00	20.71	17.34		12 012.00	579.88	485.52	
6-1249	闸阀 *DN*125	个	2		583.00	35.26	24.23		1 166.00	70.52	48.46	
6-1250	闸阀 *DN*150	个	4		792.00	35.84	24.23		3 168.00	143.36	96.92	
6-1243	止回阀 *DN*25	个	1		53.00	3.80	2.95		53.00	3.80	2.95	
6-1245	止回阀 *DN*50	个	8		143.00	11.08	5.91		1 144.00	88.64	47.28	
6-1248	止回阀 *DN*100	个	11		347.00	24.95	16.74		3 817.00	274.45	184.14	
6-1250	止回阀 *DN*150	个	2		682.00	35.84	24.23		1 364.00	71.68	48.46	
6-1231	截止阀 *DN*15	个	1		31.00	2.29	1.97		31.00	2.29	1.97	
6-1232	截止阀 *DN*20	个	3		37.00	2.31	1.97		111.00	6.93	5.91	
6-1233	截止阀 *DN*25	个	11		46.00	3.37	2.95		506.00	37.07	32.45	
6-698	三通	个	36		14.46	143.01	71.51		520.56	5 148.36	2 574.36	
6-1022	四通	个	2		28.60	377.27	96.53		57.20	754.54	193.06	
15-665	气浮反应器	台	1		7 680.00	485.33	105.93		7 680.00	485.33	105.93	
15-664	涡流反应器	台	1		5 280.00	421.22	86.43		5 280.00	421.22	86.43	
6-1022	冲压弯头ϕ108	个	18		79.00	377.27	96.53		1 422.00	6 790.86	1 737.54	
1-888	化工管道污水泵 IHG20-110	台	2		1 800.00	39.81	13.78		3 600.00	79.62	27.56	
本页小计：									44 967.76	15 066.05	5 754.60	

表 7-8 安装预算表（3）

定额编号	工程项目及概要说明	单位	工程数量	损耗	单价（元）				总价（元）			
					主材费	基价	工资	子目调整系数	主材	基价	人工	子目调整系数
2-659	电线电缆 VV22-1-4×4 mm	100 m	2.0		1 160.00	105.40	98.89		2 320.00	210.80	197.78	
2-659	电线电缆 VV22-1-4×2.5 mm	100 m	2.2		960.00	105.40	98.89		2 112.00	231.88	217.56	
2-659	电线电缆 VV22-1-4×10 mm	100 m	0.5		1 890.00	105.40	98.89		945.00	52.70	49.45	
2-659	电线电缆 KVV-6×1.5 mm	100 m	0.5		1 180.00	105.40	98.89		590.00	52.70	49.45	
2-659	电线电缆 KVV-12×1.5 mm	100 m	0.8		1 500.00	105.40	98.89		1 200.00	84.32	79.11	
2-711	焊接钢管 *Dg*20	100 m	7.5	0.03	458.00	269.67	240.54		3 538.05	2 083.20	1 858.17	
2-712	焊接钢管 *Dg*25	100 m	9.2	0.03	680.00	345.20	294.12		6 443.68	3 271.12	2 787.08	
本页小计：									17 148.73	5 986.72	5 238.59	
合　计：									180 878.06	27 113.09	13 129.29	

第四节　结　论

一、运行结果分析

水处理系统经过三个月调试达到稳定后，经过湖南省环境监测总站和当地环境保护部门的现场监测，出水中 COD_{Cr}<15 mg/L，BOD_5<3 mg/L，完全达到了国家规定的《污水综合排放标准》的一级标准，也完全达到《生活杂用水水质标准》（CJ25.1—89）的标准（表 7-9），不仅可回用于厕所用水、空调冷却水，还可回用于汽车等冲洗用水、洒水扫地用水以及水池喷水等。

表 7-9　出水水质　mg/L

参　数	COD_{Cr}	BOD_5	SS	石油类	细菌总数/（个/L）
最大值	16.8	2.8	17.2	0.3	<10
最小值	8.4	1.4	7.6	0.2	<10
平均值	12.5	2.2	10.3	0.25	<10
国家一级排放标准	100	30	70	10	—
杂用水标准	50	10	10	—	100
处理效率/%	96.4	98.5	98.4	96.6	99.9

二、建设项目的经济效益分析

本项目运转费用分析见表 7-10。

表 7-10　水处理实验平台运转费用分析表

1	工人工资（800 元/月，共 4 人）	3 200.00 元/月
2	水费（0.87 元/t，每天用水 12 t）	313.20 元/月
3	电费（0.55 元/kW・h，总装机容量约 7 kW）	2 772.00 元/月
4	药剂费（0.46 元/m^3 废水，192 m^3/d）	2 649.60 元/月
5	共计	8 934.80 元/月
6	折合	1.55 元/m^3

三、结论与建议

1．结论

本设计的突出特点是工艺单元齐全、操作稳定、处理效果好、耐冲击负荷能力强、可达标排放等，可满足污水处理中试和工程治理实践的要求。

2. 建议

（1）设计未考虑生化池的事故排空，建议增加备用移动式潜水排污泵 1 台，流量 Q=30 m^3/h，扬程 H=10 m。

（2）生化池建议采取连续运转方式，以利于菌种的正常生长。

（3）加强上岗员工的培训，确保实验平台的正常运转。

参考文献

[1] 沈耀良，王宝贞. 废水生物处理新技术——理论与应用. 2 版. 北京：中国环境科学出版社，2006.

[2] 王金梅，薛叙明. 水污染控制技术. 北京：化学工业出版社，2004.

[3] 缪应祺. 水污染控制工程. 南京：东南大学出版社，2002.

[4] 高延耀，顾国维. 水污染控制工程. 北京：高等教育出版社，1999.

[5] C. P. Lelie，Grady. Jr，Glen T. Daigger，Herry C. Lim. 废水生物处理. 2 版. 张锡辉，刘永弟译. 北京：化学工业出版社，2003.

[6] 国家环境保护总局科技标准司. 污废水设施运行管理. 北京：北京出版社，2006.

[7] 徐强. 污泥处理处置技术及装置. 北京：化学工业出版社，2003.

[8] 沈耀良，王宝贞. 废水生物处理新技术——理论与应用. 2 版. 北京：中国环境科学出版社，2006.

[9] Metcalf & Eddy. Inc. 废水工程处理及回用. 4 版. 秦裕珩，等译. 北京：化学工业出版社，2004.

[10] 唐受印，汪大翚. 废水处理工程. 北京：化学工业出版社，1999.

[11] 韩剑宏. 中水回用技术及工程实例，北京：化学工业出版社，2004.

[12] 任南琪，王爱杰. 厌氧生物技术原理与应用. 北京：化学工业出版社，2004.

[13] 周群英，高延耀. 环境微生物工程学. 北京：高等教育出版社，2001.

[14] 朱亮，张文妍. 水处理工程运行与管理. 北京：化学工业出版社，2004.

[15] 胡纪萃，周梦津，左剑恶，等. 废水厌氧生物处理理论与技术. 北京：中国建筑工业出版社，2003.

[16] 唐受印，戴友芝，汪大翚. 废水处理工程. 2 版. 北京：化学工业出版社，2005.

[17] 杨岳平，徐新华，刘传富. 废水处理工程及实例分析. 北京：化学工业出版社，2003.

[18] 纪轩. 污水处理工必读. 北京：中国石化出版社，2004.

[19] 林荣忱. 污废水处理设施运行管理（试用）. 北京：北京出版社，2006.

[20] 刘景明，王德安. 污水处理工. 北京：化学工业出版社，2005.

[21] 胡亨魁. 水污染控制工程. 武汉：武汉理工大学出版社，2003.

[22] 赵庆祥，徐亚同. 废水处理工（初级）. 北京：中国劳动社会保障出版社，2004.

[23] 魏先勋. 环境工程设计手册（修订版）. 长沙：湖南科学技术出版社，2002.

[24] 王凯军，左剑恶，甘海南，等. UASB 工艺的理论与工程实践. 北京：中国环境科学出版社，2000.

[25] 劳动和社会保障部教材办公室，上海市职业培训指导中心组织. 废水处理工（初级）. 北京：中国劳动社会保障出版社，2005.